한국 조경의 새로운 지평

한국 조경의 새로운 지평

초판 1쇄 펴낸날 2021년 2월 24일
기획 (사)한국조경학회(회장 이상석)
엮은이 성종상
지은이 김아연, 김연금, 김무한, 김영민, 김충식, 김태한, 나성진, 류영렬, 박은영,
　　　　박재민, 배정한, 성종상, 오형은, 이강오, 이명준, 이소은, 이원호, 이유미,
　　　　이정아, 이주영, 전진형, 정영선, 정해준, 제프 호, 조혜령, 최재혁, 탁영란
펴낸이 박명권
펴낸곳 도서출판 한숲 │ **신고일** 2013년 11월 5일 │ **신고번호** 제2014-000232호
주소 서울특별시 서초구 방배로 143, 2층
전화 02-521-4626 │ **팩스** 02-521-4627 │ **전자우편** klam@chol.com
편집 김민주, 남기준 │ **디자인** 이은미
출력·인쇄 한결그래픽스

ISBN 979-11-87511-26-7 93520

값 18,000원

커뮤니티, 건강 사회, 지속가능성,
문화경관, 조경 설계로 조망해 본

한국
조경의
새로운
지평

성종상 엮음

김아연, 김연금, 김무한, 김영민, 김충식, 김태한, 나성진, 류영렬, 박은영,
박재민, 배정한, 성종상, 오형은, 이강오, 이명준, 이소은, 이원호, 이유미, 이정아,
이주영, 전진형, 정영선, 정해준, 제프 호, 조혜령, 최재혁, 탁영란 지음

도서출판

『한국조경학회지』 통권 200호 기념 도서를 선보이며

1972년 (사)한국조경학회가 창립된 이후로 우리나라의 조경이 시작되었다. 이후 조경은 아름다운 자연 경관을 보전하며 국민이 건강하고 행복한 삶을 누릴 수 있는 국토와 도시를 만드는 데 크게 기여해 왔다. 이러한 조경의 발전은 한국조경학회의 학문적 노력과 성과에 힘입었으며, 『한국조경학회지』는 그 중심에서 핵심적 역할을 해 왔다.

2020년은 『한국조경학회지』가 통권 200호를 발간하는 뜻깊은 해다. 약 50년에 이르는 시간 동안 많은 학자와 전문가들이 노력을 기울여 만든 주옥같은 연구 논문은 조경의 학문적 자산인 동시에 조경인의 정신적 뿌리를 형성하고 있다.

지금 대한민국은 코로나19 창궐, 기후 변화, 미세 먼지 증가, 사회·경제 구조의 급속한 변화 등 중대한 현안을 마주하고 있다. 조경에서도 자연과 조화를 이루는 지속가능한 환경, 건강하고 쾌적한 국민의 삶을 위한 국토와 도시, 우리의 삶의 양식인 전통 조경의 계승과 문화경관의 형성, 과학 기술로서 조경의 혁신, 시민 참여와 거버넌스 등이 중요한 화두가 되고 있다.

이러한 중차대한 시점에서 한국조경학회는 '한국 조경의 새로운 지평'이란 주제로 『한국조경학회지』 200호 발간을 기념하는 저서를 기획하였다. 이번에 발간되는 책에는 과거부터 현재까지 논의되고 있는 다양한 조경 담론을 바탕으로, 시민과 거버넌스, 정원과 건강 사회, 미래를 모색하는 과학과 지속가능성, 역사유산과 문화경관, 조경 설계와 예술 등의 주제를 담고 있다.

여기서 전개된 조경의 현재와 미래에 관한 담론은 조경학을 배우고 있는 학생, 조경가를 꿈꾸는 중·고등학생, 더 나아가 조경에 관심을 가지고 있는 일반인에게도 공감될 것이다. 아울러, 조경의 앞날에 대한 좌표 설정의 길잡이가 될 것이다.

책이 발간되기까지 많은 분의 노력이 있었다. 기획 및 저술 과정을 헌신적으로 이끌어준 성종상 한국조경학회지 편집위원장과 함께 참여한 집필자 분들에게 감사드린다. 아울러 원고 편집과 출판에 노력을 기울여준 도서출판 한숲, 묵묵히 지원을 아끼지 않은 조경학회 사무국에도 고마운 마음을 전한다.

2020년 12월

(사)한국조경학회장 이상석

차례

서문
조경학의 새로운 지평을 찾아서

오늘날 세상에는 지식과 정보가 넘쳐난다. 우리 시대 정보 중에서 90%가 지난 10년 동안에 생산된 것이라고 할 만큼 생산과 확산이 폭발적이다. 지식이 급속히 발전하는 이면에는 기술이 있다. 기술이 지식 발전의 촉매제가 되는 것이다. 어차피 과학이라는 것은 기존의 학설이나 이론을 바탕으로 하여 새로운 지식을 만들어 나가는 과정이다. 반면에 지식에도 반감기가 있다. 어떤 지식이든 시간이 지날수록 그 가치는 떨어질 수밖에 없다. 그렇게 보면 우리가 알고 있는 이론이나 지식 중에는 어느 순간 쓸모가 없어져 버린 것들도 적지 않다. 마치 우리 몸속 세포가 매일 태어나고 죽는 것처럼. 세상은 점점 더 복잡해지고 지식은 급속히 팽창하지만 어느 순간 무용지물이 되니 공부도 예전과는 달리 만만하지 않은 것이 현실이다.

조경학은 삶의 환경을 다루는 학문이다. 사람이 살아가는 삶터와 환경을 아름답고 쓸모 있게 만드는 일은 학과가 신설된 1900년 이래로 조경학의 변함없는 목적이다. 시대에 따라 삶도, 문화도 바뀌기 마련이다. 그러니 삶을 담는 공간과 환경을 다루는 조경은 변화를 읽고 적절히 대처해야만 한다. 한국 사회는 지난 수십 년간 경제 개발과 국토 건설이라는 말이 일상적인 용어로 통용될 만큼 개발과 성장이 지상 과제이자 목표였다. 그 과정에 조경은 개발을 가시화하고 건설을 지원하는 역할을 충실히 해왔다. 하지만 몇 년 전부터 우리 사회는 어느 사이에 저성장과 위축의 시대로 접어들어 인구 절벽과 고령화, 축소 도시shrinking city 등 이전과는 전혀 다른 과제들이 새롭게 부상하고 있다. 개발과 팽창을 당연시해 온 성장 중심 사회에서 벗어나 질적 재정비와 지속가능 패러다임의 시대로 들어선 것이다. 양적 성장에서 질적 성숙이라는 중요한 전환점에서 조경학은 이전과는 다른 새로운 도전과 기대에 직면하고 있는 셈이다.

이 책은 『한국조경학회지』 통권 200호를 기념하는 사업으로 기획되었다. 도입된 지 반세기가 다 된 한국 조경학에 현재까지 축적된 학문적 성과와 담론을 바탕으로, 동시대 문화를 아우르면서 미래 삶을 주도할 수 있는 진화된 조경 이야기를 담아보자는 데에서 출발하였다. 시대 변화에 따라 다양하게 확장하고 진화하는 조경학의 새로운 지형도를 한번 그려 보자는 것이다. 신진 연구자 위주의 모임을 통해 조경계 안팎에서 최근 부상하고 있는 새로운 영역과 주제에 관하여 다양한 의견을 모았다. 몇 차례 모임을 통해 '기후 변화와 환경', '건강과 사회', '식물과 정원', '참여와 정치', '기술과 시공', '인문과 역사', '디자인과 문화 예술'이라는 7가지 주제가 일차적으로 선정되었다. 이후 세부 제목 및 집필자를 구성하는 과정을 거치면서 '시민, 거버넌스 그리고 커뮤니티', '정원, 그린 그리고 건강 사회', '과학 기술, 기후 변화 그리고 지속가능성', '역사, 유산 그리고 문화경관', '식물, 디지털 그리고 조경 설계'라는 5개의 큰 주제로 최종 정리되었다. 이들은 모두 진화하고 있는 조경의 면모를 잘 보여주면서 최근 사회적으로 많은 주목을 받고 있는 주제들로서, 대중의 시선에서 쉽게 접근할 수 있는 키워드를 중심으로 추린 것이다.

각 주제별로 전문성을 갖춘 필진이 분담하되, 관련 분야에서 활발하게 활동하는 이들을 공동 필자나 참여자로 추가함으로써 내용을 충실하게 하면서 다양한 시각을 확보했다. 새로운 지형도를 그리는 작업이니 아무래도 젊은 연구자들이 중심이 되겠지만, 조경학의 새로운 영역을 개척하고 있는 이라면 남녀노소를 가리지 않고 최대한 포함하고자 했다. 새로운 것을 받아들이는 데에 어찌 나이나 성별이 중요하겠는가? 5개 주제에 29명의 생각과 글을 모았다. 동시대 조경 영역에서 전개되고 있는 주제들이지만 엄연히 세부 관심사와 영역이 다른 이들의 글이니 전체를 일관성 있게 엮어 내기는 애당초 무리한 일이었다. 오히려 조경 분야에서 전개되고 있는 다양한 학문적 분화를 있는 그대로 보여주는 것이 더 적절할 것으로 판단되었다. 그러한 갈래들이 마냥 분리되어 있는 것이 아니라, '종합 과학 예술'이라는 조경학 본연의 범주를 벗어나지 않으면서 다채롭게 진화하는 유의미한 단면들로서, 도입 반세기 현 시점에서 보는 한국 조경학의 새로운 지평이 아닐까 한다.

'시민, 거버넌스 그리고 커뮤니티'는 현재 한국 조경계 안팎에서 활발하게 부각되는 주제 중의 하나다. 공공이나 전문가가 일방적으로 만들어서 제공하는 것이 아니라, 실제 살고 이용할 주민들과 함께 문제를 발굴하고 해법을 찾아 나가는 참여의 방식은 그 자체만으로도 의미가 크다. 이강오는 자신의 경험을 바탕으로 대표적 조경 대상인 도시공원의 계획 및 관리 운영

그림 1. 2011년 7월, 크로아티아의 플리트비체 국립공원(Plitvice Lakes National Park, ©성종상)

과정에 있어서의 시민 참여의 의미를 고찰했다. 도시공원에서 자치와 시민 참여는 시민운동을 넘어 자신의 삶터를 돌보는 일이라고 설파한다. 한국 중소 도시와 농촌 지역의 공동체를 활성화하는 과제를 활발하게 다뤄온 오형은과 이소은은 주민들의 참여로 완성되는 경관이 커뮤니티를 만드는 데 있어서 매우 중요한 역할을 한다고 주장한다. 저자들이 직접 수행한 시장, 공원, 골목길 등 일상 공간 중심의 지역 공동체 활성화 프로젝트에서 조경가의 참여와 역할을 확인할 수가 있다. 김연금과 제프 호는 '커뮤니티 디자인: 사회 문제에 관여하기'라는 제목으로 커뮤니티 디자인의 시작과 변화, 현재를 다루었다. 새로운 관점과 혁신적 방식으로 사회적 문제를 해결하려는 각국 청년 디자인 그룹의 활동은 커뮤니티 디자인에 관심을 갖는 조경가라면 충분히 주목할 만하다.

'정원, 그린 그리고 건강 사회'는 대립과 갈등이 심각해지고 있는 한국 사회가 주목할 만한 의미심장한 주제다. 구성원의 건강 증진에 기여하도록 환경을 만들고 가꾼다는 것은 조경의 근본 목적이면서 존재 이유라고도 볼 수가 있다. 성종상과 탁영란은 조경이 만드는 환경의 핵심 효용으로, 건강과의 상관성에 주목했다. 작게는 작은 쉼터나 정원에서부터 크게는 공원 녹지까지, 그리고 우리 전통의 마을숲부터 최신 오픈스페이스에 이르기까지 다양한 조경 대상이 발휘하는 건강 효용은 첨단 기술과 물질 문명이 지배하는 동시대에 더욱 주목할 만하다. 이주영은 급증하고 있는 한국 사회의 건강에의 관심에 주목하면서 그에 대한 해법으로 녹색 자연의 중요성과 가능성을 제시한다. 디지털 시대에 인류의 보편적이고 본질적인 문제인 건강과 행복, 그리고 복지라는 이슈가 조경가 앞에 놓인, 새로운 과학의 영역으로서 중요한 과제임을 알린다. 유사한 맥락에서 김무한은 예기치 않게 닥쳐온 팬데믹 시대에 정서적 쉼의 장場, Setting으로서 공원과 정원의 중요성과 가치에 대해 강조한다. 정서적 쉼의 장이 지닌 속성을 잘 이해하고 갖추도록 함으로써 그것들이 훌륭하게 효용을 발휘할 것이라고 말한다.

공원보다는 훨씬 작고 사적 성격이 강하지만 정원이 갖는 건강 효용은 꽤 복합적이다. 쉼이나 완상의 장이라는 통상적인 시각을 넘어, 우리의 일상에 긴밀히 닿아 있는 의미 깊은 삶의 장인 것이다. 정영선과 성종상은 '왜 정원인가?'라는 물음으로 시작해 정원이 갖는 본질적 의미와 효용을 공감하며 생각을 나눈다. 한국 전통 속에 풍부하게 살아 있던 정원의 면모가 현재 한국인의 삶에는 거의 잊힌 상태임을 아쉬워하면서 우리 삶을 보다 건강하고 두텁게 하기 위해서라도 하루속히 되살려야 할 소중한 가치라고 주장한다. 박은영과 최재혁은 시대를 앞서 한국 최고의 조경 디자인을 리드해 온 유병림과의 인터뷰를 통해 동시대 정원의 가치와 미래를 그려내고 있다. 정신적 즐거움과 심미적 감각 그리고 실용적 가치와 공공성을 토대로 정원문화를 확산시켜 나가야 하는 조경가와 국가의 공동 책무를 한류 정원, 소재 개발 등 구체적 방안과 함께 제시한다. 반면 현재 활발하게 활동 중인 정원가 김봉찬은 자연의 힘과 본질에 대한 충분한 이해를 토대로 정원을 디자인할 것을 주장한다. 자연의 아름다움을 고스란히 담아내는 생태정원에 도시의 미래가 달려있다는 것이다.

'과학 기술, 기후 변화 그리고 지속가능성'은 근래 들어와 전 지구적 관심사로 떠오른 기후 변화나 미세 먼지 등에 대응하는 조경학의 도전과 성과를 다룬다. 전진형과 이정아는 최근 급증하고 있는 집중 호우, 가뭄, 미세

그림 2. 2016년 7월, 영국 켄트 시싱허스트 캐슬 가든(Sissinghurst Castle Garden, ⓒ성종상). 정원은 휴식과 완상이라는 실용성 외에 신념과 이상, 정신과 심미, 예술과 윤리, 참여와 나눔 등 폭넓고 깊은 의미와 효용을 갖는 곳이다.

먼지 등과 같은 예기치 못한 환경 문제에 적응하기 위한 노력의 일환으로서 조경가의 역할을 제시하고 있다. 우리 삶을 근본적으로 뒤바꿀 수도 있는 엄청난 위협으로부터 삶을 지속 가능하게 하는 조경가들의 도전은 충분히 주목할 만하다. 동일한 선상에서 류영렬은 "조경은 과학과 기술의 첨단에 와 있다"고 주장한다. 빅데이터, 기계 학습, 인공 지능, 센싱 네트워크 등 최근 회자되는 키워드들로 다루는 조경의 새로운 업역과 면모를 자신이 경험한 구체적인 사례들과 함께 소개한다. '기후 위기 시대의 조경: 데이터 기반 그린 인프라 발전 방향'이라는 제목으로 김태한은 새롭게 재편되고 있는 사회·경제 구조에서, 차별화된 경쟁력을 확보해야 하는 중요한 시점에 서

그림 3. 2015년 2월, 뉴질랜드 너지 비치(Nudgee beach, ©성종상). 건강하고 아름다운 자연은 지속가능한 삶을 위한 필수 요건이다.

있는 그린 인프라에 주목한다. 그리하여 점차 심화되는 기후 변화 재해와 사회적 난제에 구체적인 해결책을 제시할 수 있는 한 방안으로서 데이터 기반의 스마트 그린 인프라를 소개한다.

'역사, 유산 그리고 문화경관'에서는 조경학의 오랜 핵심 주제인 역사와 경관을 최근 국제 사회에서 급부상 중인 유산heritage이라는 관점에서 재조망한다. 성종상과 이원호는 역사와 전통에 덧씌워져 있는 종래의 정태적인 관념과 접근에서 벗어나, 보다 역동적이고 유연한 사고가 필요함을 역설한다. 역사 도시 경관historic urban landscape과 문화경관cultural landscape 등이 세계유산의 한 범주로 인정되고, 살아 있는 유산living heritage이나 진보적 진정성progressive authenticity 등의 새로운 개념과 함께 경관적 접근landscape approach이 대두되는 최근의 국제적 추세로 볼 때, 열린 시각과 통합적인 접근으로 훈련된 조경가의 참여가 시기적으로 매우 유효적절함을 밝힌다. 박재민은 비교적 근래 조경계에 등장한 산업유산의 실체와 의미를 살피고, 그것의 현대적 가치를 다양한 공원화 사례로 설명한다. 단순히 주어진 장소에 대한 공원 설계가 아닌, 도시 구조의 개편이라는 변화 과정 속에서 새로운 해법으로서 조경 접근이 필요하다는 것을 인식할 필요가 있음을 밝힌다. 정해준은 우리 시대가 고유의 경관이 훼손되고 공간의 정체성을 잃어버린 상실의 시대라고 진단하면서, 지속 가능한 미래를 위한 생태 및 문화 다양성의 확보 차원에서 문화경관에 주목한다. 국제 사회에서 활발히 논의 중인 유산 자원으로서 문화경관 담론에 조경가의 관심과 참여가 요구되는 시점임을 환기시켜 준다.

그림 4. 2008년 4월, 포항 영덕의 복숭아 밭(ⓒ성종상). 지역의 기후와 토질 등 자연 환경 조건에 맞추어 오랫동안 유지되어 온 농업 경관은 대표적인 문화경관이라 할 수 있다. 문화경관은 1992년 세계유산의 한 유형으로 공식 인정된 이후 한동안 신규 등재가 미미한 상태이다가 2000년대 들어서면서 눈에 띄게 등재 건수가 늘어나고 있다. 최근 유네스코와 이코모스를 비롯한 국제 사회에서 문화경관에 대한 관심과 논의가 급증하고 있는 것도 주목할 만하다.

'식물, 디지털 그리고 조경 설계'에서 조혜령과 김아연은 조경의 가장 중요한 소재인 식물을 탐구한다. 식물을 선정하고 배열하는 식재 디자인이 단순한 장식을 넘어, 생태적·심미적 특성에 대한 깊은 이해를 토대로 이용자들의 감성과 체험을 유도하며 경관에의 몰입을 배가시키는 심오한 창작 행위임을 밝힌다. 반면 이유미와 김충식은 조경 계획·설계·시공 분야에서 최근 확산되고 있는 디지털 트윈, 3차원 스캐닝 및 프린팅, 알고리즘을 이용하는 파라메트릭 설계, 조경 정보 모델 등의 스마트 기술을 소개한다. 혁신적인 디지털 기술과 도구들로 조경이 보다 진화된 단계로 나아가기를 기대한다. 김영민과 나성진은 21세기 이후 새로운 가능성을 열고 있는 현대 조경 설계를 조망한다. 랜드스케이프 어바니즘 이후 다양성과 실용성의 추구, 디지털 기술과 빅데이터 활용 등 20세기 근대적 전통의 연장선이되 근본적으로 다른 지점에서 새로운 실험과 영역을 개척하고 있는 조경 설계의 최신 동향을 소개한다. 이명준과 배정한은 탈산업 시대에 새롭게 등장하고 있는 풍경으로서 산업 시설물을 재활용한 공원에 주목한다. 숭고sublime 미학과 기억 되살리기라는 감성적이면서 효과적인 방편으로 우리 도시에 오랜 정체성을 되살려 내는 조경가들이 도시 재생의 시대에 새로운 주역으로 등장하고 있음을 알린다.

그림 5. 2015년 5월, 천리포수목원(©성종상). 식물은 특유의 신선한 생명감과 청량감, 그리고 계절에 따른 변화감으로 아날로그적 감각을 환기시켜 준다.

이 책은 조경을 배우고 있는 대학생과 대학원생을 1차 대상으로 하되, 조경가를 꿈꾸는 중·고등학생 및 일반인까지 널리 읽을 수 있도록 기획되었다. 이를 위해 최근 한국 조경계에서 광범위하게 목격되는 구체적인 성과와 흥미로운 사례 등을 다루되 최대한 쉽고 명확한 용어와 개념으로 소개하고자 했다. 그러면서 원고 내용을 기술하는 데 있어서도 새롭고 신선한 방식을 도입해 보았다. 예를 들어 주제 특성에 맞춘 세미나, 전문가 대담 및 인터뷰, 타 분야 전문가가 바라보는 조경 등의 옴니버스식 프레임을 시도했다. 전문학이 갖는 딱딱함을 피하면서 가급적 쉽게 전달하려는 의도에서 시도해 본 것이나 과연 독자분들께 잘 어필할 수 있을지는 알 수가 없다.

짧은 기간에 여러 전문가들의 글을 모으다 보니 본의 아니게 무리가 없지도 않았다. 다소 촉박하게 추진하였음에도 개의치 않고 선뜻 함께해 주신 여러 집필진, 참여해 주신 분들께 지면을 빌어 진심으로 감사 인사를 전하고 싶다. 기획 과정에서 고심 끝에 긴급 추가 편성된 꼭지를 채우는 데에 선뜻 참여해 주신 정영선, 탁영란, 이원호 선생님께 마음으로부터의 감사를 드리지 않을 수가 없다. 다소 무리한 기획임에도 믿고 지지해준 한국조경학회 이상석 학회장님, 27명이나 되는 필진들과 소통하며 글을 다듬는 데 함께해 준 박재민 교수님께 지면을 빌어서 감사 말씀을 전하고 싶다. 어려운 여건 속에서도 언제나 그래왔듯 흔쾌히 동참해준 남기준 편집장님의 동지애적 배려에도 마음으로부터의 감사를 전하고 싶다.

이 책에서 혹 거칠거나 부족한 부분이 발견된다면 그것은 순전히 의도를 앞세운 편집자의 탓일 것이다. 그런 아쉬움을 넘어서 이 책으로 조경학의

그림 6. 2016년 10월, 독일의 실리콘밸리로 불리는 베를린 아들러호프(Adlerhof) 단지 내의 한 정원(©성종상). 조경은 부드러우나 강력한 자연의 효용으로 우리 삶터를 근사하게 만든다.

긍정적인 역할과 면모를 널리 알릴 수 있기를, 그리하여 조경의 힘과 가치를 제대로 공감하게 할 수 있기를 바랄 뿐이다. 보다 나은 삶의 환경 창출에 기여하고자 하는, 부드러우나 강력한 조경의 힘과 근사한 면모를 모두 함께 재확인하는 안내서가 되기를 빈다.

2020년 한 해의 마지막을 앞두고

성종상

1

시민, 거버넌스
그리고 커뮤니티

참여와 정치:
누가 공원을 만드는가

이강오

비열한 욕망의 도시, 피말리는 경쟁으로 매일매일이 투쟁 같은 시간이 흐르는 곳에서, 공원은 도시민의 피난처이자 마지막 남은 안식처이다. 도시의 순수함 그 자체가 아닐까? 하지만 그 이면에는 복잡한 정치가 있다. 갈등이 있고, 합의가 있다.

공원의 정치학

'장대한 나무를 심고, 사슴이 뛰어놀게 하라.' 서울숲 설계공모의 핵심 지침이 된 이 문장은 2002년 당시 이명박 전 서울 시장의 지시사항이었다고 한다. 시장의 한 마디는 설계의 방향이 되고, 조성 과정에서도 사슴을 키울 조건이 가장 중요한 과제였다. 역설적이게도 사슴사는 서울숲에서 시민에게

그림 1. 서울숲 가족마당 요가 프로그램. 저 멀리 주상복합 건물이 보인다. 도시민의 피난처이자 안식처인 공원에 숨겨진 참여와 정치(ⓒ서울숲 컨서번시)

가장 사랑받는 공간 중 하나가 되었다. 한 정치인의 생각과 지침이 공원 조성에 영향을 미치지만, 사실 이 지침 역시 시민 대중의 이해와 욕구와 일치할 때 의미를 발휘한다는 점을 생각하면 이 결정을 단순한 한 개인의 결정으로 보기는 어렵다. 서울에 대규모 공원 조성의 역사는 민선 시장의 역사와 함께한다. 조순 시장의 여의도공원, 고건 시장의 월드컵공원, 이명박 시장의 서울숲, 오세훈 시장의 북서울꿈의숲, 박원순 시장의 서울로7017, 모두 정치의 산물이다. 이보다 앞선 서울어린이대공원도 1970년대 박정희 정권의 산물이다. 어린이대공원에는 유독 많은 동상과 기념비가 있다. 그것도 상당수가 1970~80년대를 몰아치던 반공 이데올로기를 상징하는 작품들이다.

그림 2. 서울어린이대공원의 박정희 전 대통령의 글이 남아있는 표지석. 오늘날에는 상상하기 힘든 기념비이다(©서울어린이대공원 손성일).

공원 위치를 정하는 일부터 매우 정치적 행위이다. 공원이 도시의 경쟁력이자 시민의 삶의 질을 결정하는 중요한 요소로 여겨지는 시대에, 공원의 균형 잡힌 배치는 매우 섬세한 정치적 행위라 하지 않을 수 없다. 공원의 운영 방식도 정치와 시대정신과 무관할 수 없다. 공원 서비스를 시정부가 제공하는 시혜적인 관점의 운영 방식이 있고, 지역 사회가 참여하여 공원을 지역 자산으로 운영하는 방식도 있다. 앞서 언급하였듯이 공원을 둘러싼 정치 활동이 반드시 지도자 한 명의 판단에만 의존하는 것은 아니다. 지도자의 정치적 판단은 곧 시민 대중의 정서와 욕구에 기인한다. 따라서 보다 합리적 판단은 한 개인이나 소수 집단의 의사결정이 아닌, 다수가 참여하고 다양한 이해관계자의 합의에 근거해야 한다. 참여는 곧 시민 정치를 의미한다. 참여의 수준은 단순한 의견 수렴에서 시민에게 권한을 위임하는 단계까지 다양하다.

시민 참여는 탈중앙 집권의 산물

공원에서 시민 참여는 누가 언제 시작하였을까? 물론 어느 시대에나 공원과 같은 공공시설에 시민들 혹은 이용자들의 크고 작은 개입은 존재한다. 도시공원의 시민 참여의 대표적인 사례로 뉴욕 센트럴파크와, 공원을 책임 운영하고 있는 센트럴파크 컨서번시Central Park Conservancy를 빼놓을 수 없다. 1979년 당시 뉴욕시 공원휴양국장 고든Goden Davis이 시민 단체의 사무국장으로 일하던 엘리자베스Elizabeth Barlow Rogers를 1980년 센트럴파크의 초대 원장으로 임명하면서부터 뉴욕 공원의 시민 참여 역사가 시작된다. 센트럴파크의 시민 참여는 1960~1970년대 뉴욕의 금융 위기로 인하여 시 재정이 위기를 맞고, 공원이 방치되고 황폐화되어 이를 보다 못한 지역 주민들이 나서서 센트럴파크 복원 운동을 하면서 시작된 것으로 알려져 있다. 하지만 그 이면에는 공공공간 운영에 대한 뉴욕의 정치적 결단이 있었다. 뉴욕시 공원과 수영장 등 여가 시설의 대부분이 만들어진 시기는 1930년대로, 미국의 대공황과 뉴딜 정책이 기폭제가 되었다. 당시 뉴욕의 공원이 제대로 자리 잡게 된 데에는 로버트 모제스Robert Moses 공원휴양국장의 역할이 매우 중요하게 작용하였다. 공원 조성 시대에는 한 사람의 중앙 집권적인 리더십이 훨씬 효율적이고 중요한 것으로 보인다. 주어진 시간 내에 신속하게 성과를 내기 위해서는 의사 결정과 사업 집행 프로세스가 단순해야 한다. 반면 경제 위기로 세수가 줄고 공원 분야 예산이 줄어든 환경에서 이미 조성된 수많은 공원을 합리적으로 관리하기 위해서는 탈중앙 집권화가 필수불가결한 요소이다. 탈중앙 집권화를 위해서 모든 공원에 행정 인력을 고용할 수는 없다. 자연스럽게 지역 사회와 주민들에 의한 자치적 관리가 요구되었고, 이를 위해 뉴욕시 정부는 시민 참여를 활성화하기 위해 시민운동가를 공원 관리에 초대하고 공원 재단 설립을 돕는 등 다양한 노력을 기울여 왔다. 그 결과 뉴욕의 1400여 개의 공원 중 800여 개의 공원에 시민 조직이 만들어지게 되었다. 이들은 센트럴파크처럼 독립적으로 공원을 운영하는가 하면, 공원 관리의 일부만 담당하는 자원봉사 조직까지 지역의 조건에 따라 다양한 참여를 발전시켜 왔다. 뉴욕시 공원 운영 관리에 있어서 시민 참여는 지역 사회와 시민들의 선의에 의한 것이기도 하지만, 동시에 뉴욕시 정부의 탈중앙 집권화를 위한 전략적 선택이기도 한 것이다.

기획에서 관리까지, 참여의 과정

공원에서 시민 참여는 단순히 운영 관리에서만 일어나지 않는다. 뉴욕의 하이라인High Line은 두 청년의 아이디어에서 출발하였다. 서울숲의 정책 결정 과정에서도 생명의숲이라는 시민 단체의 역할이 매우 중요하였다. 공원의 기획 단계에서 어디에 어떤 공간을 만들지는 도시 계획의 관점에서 이루어지고 매우 정치적 고려에 의해 이루어진다. 북서울꿈의숲이 대표적 사례이다. 토지 매입비만 2천억 원이 넘는 예산이 소요된 이 공원은 단일 공원으로서는 전무후무한 예산이 소요되었다. 상대적으로 낙후된 강북지역의 삶의 질을 높이기 위한 오세훈 시장의 정책적 혹은 정치적 판단에서 진행되었다고 볼 수 있다. 공원을 설계하는 과정에도 시민 참여는 일어난다. 대규모 공원은 자문회의나 여론 조사를 통해 이루어지고, 소규모 공원은

한국 조경의 새로운 지평

커뮤니티 디자인 과정에서 이루어진다. 2009년 서울그린트러스트에서 추진한 성북구 석관동 '우리동네숲1호'를 만드는 과정에서 동네 정치의 한 단면을 볼 수 있었다. 소방도로를 개설하고 남은 기다란 자투리 땅을 어떻게 활용할지에 대한 동네 주민들의 논쟁이 시작되었다. 이 땅을 바로 접하고 있는 블록의 주민들은 '숲'을 만들기를 원했고, 다음 블록의 주민들은 '주차장'을 원했고, 자치구에서는 미화원을 위한 '쉼터'를 조성하기를 바랐다. 세 집단의 욕망이 분출되고 갈등과 화합의 과정을 거쳐 '숲'으로 결정되었다. 하나의 공간을 두고 어떤 가치를 그 공간에 투영할지를 동네 정치로, 지역 사회 합의로 결정한 사례이다.

그림 3. 서울그린트러스트 우리동네숲1호, 성북구 석관동. 주민 참여로 만들어가는 동네숲(ⓒ서울그린트러스트)

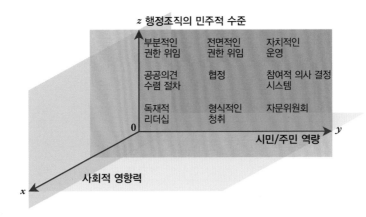

그림 4. 도시공원의 시민 참여와 협치 수준의 조건(©이강오, 강의자료)

협치의 조건

참여의 수준이 높아지고, 서울 시장 민선 6기에 들어서는 협치governance가 시정의 핵심 의제가 되었다. 협치는 참여 정치의 다른 말이자, 가장 높은 수준의 참여 형태를 의미한다. 서울시의 협치에 참여하는 대다수 민간 전문가나 시민활동가는 자신들의 협치조직이, 조순 시장 때부터 시작하여 서울시 협치의 대명사 격이 된 녹색서울시민위원회처럼 되기를 바란다. 그러나 모든 시민 참여가 완성도 높은 협치의 수준에서 작동하지는 않는다. 시민 참여의 정치는 시정부의 일방적인 리더십을 극복하고, 자문위원회에서 출발하여 부분적 권한 위임을 거쳐 자치적 운영으로 발전하는 것이 발전 경로로 알려져 있다. 시민 참여 혹은 협치가 어떤 형태로 이루어질지는 행정 조직의 민주적 의식과 제도 그리고 시민 사회의 역량에 달려있다. 아무리 행정의 정책과 제도가 발달해도, 협치의 파트너인 시민 사회가 발달하지

한국 조경의 새로운 지평

않으면 협치는 매우 부분적일 수밖에 없다. 반대로 시민 역량이 높지만 행정이 준비 되어 있지 않으면 자문위원회 수준을 넘기 어렵다. 더불어 각각의 참여와 협치도 시간의 축적에 따라 그 사회적 영향력이 다르므로 오랜 시간이 흘러야 완성도가 높아지게 되고 의미 있는 성과가 만들어진다. 따라서 참여와 협치를 디자인할 때는 행정의 준비 정도, 시민 사회의 역량, 그리고 민관 협력의 축적된 시간이라는 세 가지 요소를 고려하는 것이 필요하다.

자치의 시대, 참여와 정치가 더 가까이

참여를 단순히 민주주의의 과정으로만 보고 그 효과성에 의문을 가진 사람들도 있다. 빠른 행정 집행을 원하는 사람들에게 참여는 걸림돌이 될 수도 있다. 그러나 참여는 공원을 더욱 아름답게 하고, 더욱 가치 있게 만드는 힘을 가지고 있다. 참여를 통해 다양한 사람들의 의견을 수렴하는 것이 더욱 합리적이고 효율적인 결과를 만드는 경우가 일반적이다. 다만, 단기간으로 볼 때는 사업 집행의 비효율성이라는 역효과가 나타날 수 있다. 그러나 장기적인 관점으로 볼 때 참여는 리스크를 줄이고 사회적 영향력을 키울 수 있다. 나아가 좋은 참여 제도와 역량있는 지역 사회가 결합한다면 시정부가 지출해야 하는 공원의 운영 관리 비용도 절감할 수 있다. 뉴욕의 브루클린브리지파크Brooklyn Bridge Park는 운영 관리를 지역 사회에서 책임지는 조건으로 승인되었다. 과거 허드슨강변의 부두로 활용하던 이 공간은 총 6개의 피어pier로 구성되어 있고, 각각의 피어가 개발될 때마다 수익 시설을 조성하여 운영 자립을 도모하였다. 공원 운영은 브루클린브리지파크 컨서번시에서 맡고 있다. 참여와 협치의 가장 높은 수준인 권한 위임을

그림 5. 공원의 친구들(Friends of Parks). 서울그린트러스트에서 운영하고 있는 공원자원봉사 플랫폼. 전국의 20여개 '친구공원'에서 1만 시간의 자원봉사가 이루어지고 있다(ⓒ서울그린트러스트).

전제로 공원 개발이 이루어진 것이다. 천문학적인 예산이 소요된 하이라인도 공원 조성 승인 과정에서 지역과 시민 사회에 의한 자립적 운영을 전제로 하였다. 왜냐하면 수십 년 혹은 백 년 이상 유지되는 공원의 라이프사이클을 고려할 때, 공원 조성에 드는 비용에 비하여 공원 운영 관리에 드는 비용이 훨씬 더 크기 때문이다. 또한 공원 조성비는 일회적이지만 운영 관리비는 시정부에 매년 경상적 재정 부담을 주기 때문이다.

더 많은 공원을, 더 아름다운 공원을, 더 효율적인 공원을 만드는 일은 적극적인 정치 행위에서 시작된다. 1991년 지방자치제도가 부활하고, 30년이 지난 지금 현 정부는 연방제 수준의 자치와 분권을 힘주어 얘기하고 있다. 아직 유럽과 북미 수준의 지방자치제도에까지 이르지 않았지만, 자치와 분권은 시대적 흐름이라 볼 수 있다. 자치와 분권이 강화될수록 앞서 뉴욕의 사례처럼 참여의 중요성이 커지게 된다. 참여와 정치는 비용과 시간을 늘리는 것이 아니라, 공원의 가치를 높이는 일이다. 참여와 정치는 몇몇 시민운동가나 정치인만의 전유물은 아니다. 도시의 거주자이면서 공원의 이용자인 시민 모두가 주체이다. 특히 조경인은 공원의 주체인 시민을 깨우고 정치적 역할을 할 수 있도록 도와야 할 책임을 가지고 있다. 공원의 가치를 알리는 홍보 커뮤니케이션, 도시 계획에서 공원의 중요성을 높이는 시민 활동advocacy과 로비 활동, 계획과 디자인 과정에서의 시민 참여, 공원 프로그램 위탁 운영과 권한 위임을 통한 책임 운영, 그리고 일상적인 협치의 과정이 공원에서의 참여와 정치로 분류할 수 있을 것이다. 자치와 분권의 시대 참여와 정치는 공원 분야의 새로운 일터이다.

사람들로 완성되는 경관:
경관을 만드는 일은 관계를 만드는 것이다

오형은 + 이소은

텅 빈 거리에 상가 주민이 길가 쓰레기를 치우고, 장보는 아이 엄마를 위한 쉼터 공간을 마련하며 작은 축제를 기획해 지역 주민이 모여 즐길 수 있는 날을 제공한다. 텅 비었던 거리는 찾는 이의 발길로 가득차고 공간은 활기를 머금게 된다. 사람이 드나든 자리에는 온기가 생기며 상인들에겐 활력이 생긴다. 이처럼 공간에 생명력을 불어넣는 것은 그곳에서 살아가고 공간을 이용하는 '사람들'이다. 사람들이 자신이 사는 공간에 관심을 가지고 참여하고 사회적 관계를 만들어가게 하는 것, 커뮤니티를 구성하는 사람들이 함께 모여 머무를 공간을 기획하고 디자인하고 만들어나가게 하는 것이 조경가가 하는 일이다. 마을에, 시장에, 거리에 만들어지는 사물을 물리적으로 디자인할 뿐 아니라 사람들의 활동을 촉진하고, 그 활동을 통해 관계를 만들고, 공간의 관리자가 되게 하는 일이 조경의 영역에 속한다. 우리 일은 그곳에 존재하는 자원, 사람, 이야기를 찾는 것으로 시작된다. 사람들이 필요로 하는 활동을 찾아 기존의 사회적 관계를 기반으로 다양한 관계를 잇게 하며, 관계를 확산하도록 도와 새로운 커뮤니티를 만든다.

핼프린Lawrence Halprin은 조경을 '거리에서 움직이는 사람들의 활동을 만들어 내고 그들 간의 관계를 만드는 일'이라고 했다. 물리적인 공간은 만드는 순간부터 멈추어 있지만 그곳에 머무르는 사람은 움직이고 변해간다. 심지어 공간도 사람들에 의해 새로운 기능이 부여되고 성장하고 변해간다. 지속 가능한 공간을 만드는 것은 공간을 이용하는 사람들이다. 커뮤니티가 그 장소에 관심을 가질 때 공간에 힘이 부여된다. 그들이 일상의 의제를 제기하고 대안을 논의하는 과정에서 스스로의 공간을 만들 내적인 힘이 형성된다. 조경가는 이것이 가능하도록 디자인하여 주민들이 함께 공간을 만들고, 가꾸고, 변화시킬 수 있게 한다.

스스로 만드는 일자리, 상품의 생산과 소비 주체의 지역화, 지역 내 순환하는 경제, 수요자에 의해 만들어지는 상품, 지역 내에서 생산되고 소비되는 농산물, 공공공간의 공유와 운영 관리의 참여, 커뮤니티 복원과 마을만들기 등 지역 커뮤니티 기반의 활동들이 사회적 대안으로 이야기되고 있다. 조경가는 지역 주민이 직접 삶터의 문제를 발견하고 개선하는 일련의 과정을 디자인하여 그들 스스로가 대안 제시자 역할을 하는 새로운 세상을 만들어가고 있다.

다음의 사례는 지역활성화센터가 여러 지역에서 주민들과 함께한 과정으로 구성되어 있다. 커뮤니티와 소통하고 커뮤니티를 변화시켜 지역을 일구어낸 현장을 소개하고자 한다. 전통 시장 상인들이 스스로 시장을 활성화하기 위해 다양한 시도를 한 수원 못골시장, 학생, 학부모, 교사, 마을 주민이 모여 장소를 만들어낸 경남 거창의 아카데미파크, 소상공인과 지역 어르신이 일상의 경관을 함께 만든 인천 미추홀구의 숭의 목공예마을, 세 곳에서 커뮤니티와 함께한 기록이다.

시장의 활기는 상인으로부터 시작된다

전통 시장 활성화의 주인공

경기도 수원시 팔달구 못골시장은 팔달문 주변 상권 중 가장 작은 골목형 시장이다. 이곳에서 우리는 2008년부터 2010년까지 상인들과 시장을 활성화하는 활동을 했다. 이 프로젝트는 문화체육관광부가 문화로 전통 시장을 활성화하는 '문전성시' 사업의 첫 시범 사업이었다.

처음 시작할 때 몇몇 전문가는 수원 화성과 정조와 혜경궁 홍씨의 이야기가 못골시장의 중요한 자원이라 주장하였지만 우리는 시장 상인 한명 한명이 시장의 정체성이자 가장 중요한 자원이라고 확신했다.

주어진 프로젝트 기간 내에 몇 명이 더 오고 얼마나 더 벌었는지의 결과보다 시장의 미래를 만들어가는 방법을 상인 스스로 학습하는 것이 더 중요하다고 믿었다. 상인이 못골시장의 자원이자 정체성이 되려면 그들을 주인공으로 바꾸어나가는 것이 가장 중요한 일이었기 때문에 세부 목표를 정하고 그 목표를 달성하기 위한 프로그램을 배치했다.

인식의 전환

상인이 이 사업의 필요성을 느끼게 하는 것이 가장 중요했다. 스스로 변화의 필요성을 절실히 느껴야 했고, 스스로 변화하려고 노력해야 했다. '상인상상교실', '상인큐레이터 양성교육', '배우는 상인이 간다', '상상워크숍'을 통해 우리가 문제를 제기하면 상인이 스스로 문제를 인식하고, 변화하기 위한 대안을 찾았다. 의사 결정권자인 상인회 이사들의 문제 인식 능력을 키우는 일은 더욱 중요했다. 시장에서 일어나는 크고 작은 일들을 결정하는 오피니언 리더들을 '상인기자단'으로 육성하여 시장의 문제를 찾고 취재하게 했다. 이 프로그램의 목적은 활동 과정을 통해 상인회 이사들이 의사 결정 시 논리와 근거를 바탕으로 결정하도록 육성하는 것이다. 그 결과 여러 상인과 소통하고 민주적이고 합리적인 결정을 하는 상인회로 성장해나갔다.

자부심 키우기

시장의 미래를 만들어갈 젊은 상인들의 자부심을 높이는 일이 필요했다. '몽골온에어'라 불리는 몽골라디오 방송은 주 1회 1시간 운영되는 활동이지만 젊은 상인에게 시장 오는 즐거움, 시장에서의 역할 등을 말하게 하여 상인으로서의 자부심을 고양시켰다.

그밖에도 상인들은 가격표를 직접 예쁘게 써보고 평생을 해온 반찬 요리를 소비자에게 교육하는 선생님이 되는 등 여러 프로그램에 참여했다. 이는 상인들에게 삶의 즐거움을 느끼게 하고, 자존감을 회복하게 하는 성과를 거뒀다.

취재 온 기자의 한 마디는 우리의 방향이 틀리지 않음을 다시금 깨닫게 했다. "못골시장이 다른 여느 시장과 다른 점은 상인들의 태도에요. 상인들에게서 시장에 대한 자긍심, 상인의 자부심이 느껴져요. 그래서 시장이 더 활기차고 시장에 오면 즐거워지는 것 같아요."

공동체의식 형성

서로의 이해를 통한 공동체의식 형성은 이 사업의 중요한 목표였다. 그중 여성 상인들의 공동체의식을 높이는 일은 못골시장에 처음 발을 내딛은

그림 1. 못골시장의 여성 상인들로 구성된 불평합창단은 노래를 통해 시장의 문제를 공유하고 스스로 문제를 해결하는 주인공이 되었다.

날부터 꼭 시도하겠다 마음먹은 일이었다. '줌마불평합창단'이라 불리는 여성 합창단은 시장 상인들의 불평불만을 가사로 채집하고 노래를 만들어 합창하며 시장에서 변화시켜야 할 일들을 제시했다. 시장이 직면한 문제가 무엇인지를 함께 노래하게 하고 그 대안을 함께 고민하는 과정을 만들었다. 합창단 활동은 그렇게 여성 상인들에게 서서히 함께해야 하는 공동의 시장을 인식하게 했고 더 구체적으로 내 매대, 내 가게에만 관심 있던 그들을 '시장 골목길'이라는 공공의 장소를 가꾸는 사람들로 바꾸어나갔다.

다양한 이해관계자와의 협업

상인을 움직이고, 문화체육관광부와 수원시를 설득하고, 참여하는 여러 전문가, 기관에게 우리의 목표를 설명하고 개별 프로그램의 방법을 조율하느라 많은 회의를 했다. 그리고 각기 다른 성향의 200여 명의 사람들과 보다 효율적으로 일을 하기 위해 사업 과정과 목표를 명시하고 단계별 매뉴얼을 만들어 공유했다. 시끌벅적한 시장 경관을 만드는 일은 다양한 이해관계자 사이를 조율하고, 협력해 나가도록 프로그램을 기획하고 운영해야 가능한 일이다.

에필로그

다수의 사람들이 이용하는 공원, 광장, 시장의 문제를 해결하고 대안을 찾아나가기 위해서는 지역 커뮤니티와 행정, 전문가, 기관의 협력이 필요하다. 상인 참여를 촉진하고, 의제를 발굴하고, 대안을 찾고 상인이 주체로 나서도록 유도하는 과정뿐 아니라 건축, 디자인, 문화 기획, 축제

운영, 상인 경영 지원, 경제 교육, 예술 교육의 다양한 전문가의 역량을 결집하고 조율해 나가야 했던 못골시장 문전성시사업 PM단의 경험은 우리에게 소중한 자산이 되었다. 공간의 문제를 분석하고 대안을 찾고 실행 과정을 설계한 후 함께할 사람들을 찾고 설득하고 여러 관계자에게 우리의 목표를 이해시켜 참여하게 하는 일이 우리가 설정한 조경가의 역할이다.

열린학교, 공동체의 중심에 서다

공동의 목표를 위해 함께한 약속

경남 거창군 읍내 북측 마을에는 총 10개의 초·중·고등학교가 위치하고 있다. 거창고등학교 같은 경우 대입 성적이 좋다보니 전국에서 유명세를 타기도 해 많은 유학생이 유입되고 있는 동네이다. 이러한 유명세는 교육도시라는 브랜드를 만들어 주었다. 그러나 교육도시라는 브랜드는 결국 입시 경쟁이라는 인식을 벗어나기 힘들었고 학교는 울타리 속에서 닫힌 교육이 이뤄지고 있었다. 학교 간 담장은 높았고, 학교와 지역 사회의 연결고리는 없었다.

'교육도시로서 지역 사회가 발전하기 위해 필요한 것이 무엇인가?'를 두고 거창군은 고민하기 시작했고, 마스터플랜을 수립했다.

바로 '아카데미파크' 조성 계획이었다. '공원 속의 학교, 학교 안의 마을'이라는 개념을 계획하고 추진을 위한 방법을 강구했다. 우선 핵심 주체의 협력이 필요하기 때문에 10개의 학교, 교육청, 행정이 모여 아카데미파크 경관 협정을 체결했고 거창군은 농촌중심지 사업으로 예산을 확보하여 아카데미파크를 본격적으로 추진했다.

공간의 주체, 청소년

지역 공동체 모두가 누리는 교육·문화 중심지 아카데미파크Academy Park라는 슬로건을 걸고 지역 사회의 변화를 위해 필요한 것이 무엇인지 파악하기 시작했다. 우선 '우리동네 상상토크'를 통해 주민들의 의견을 수렴했고, 아이디어를 공유했으며 일반 주민뿐 아니라 공간을 가장 많이 이용하는 청소년의 의견을 묻기 위한 '청소년 포럼'도 병행하여 추진하였다.

그러나 막상 청소년들은 포럼을 위한 시간을 내기가 쉽지 않았고, 살면서 그닥 접해보지 않은 '내가 살고 있는 지역의 문제 해결을 위해 어떤 참여를 할 수 있을까'라는 의제는 청소년에게 너무 무겁고 다가가기 힘든 주제였다.

이를 해결할 방법을 찾다 청소년활동가 선생님과 논의하게 됐고, 그 과정에서 거창군 청소년참여위원회We-chi를 알게 되었다. 이들에게 포럼 기획 의도를 설명하고 고민을 논의하자 기꺼이 큰 역할을 맡아주었다.

청소년 포럼을 위해 10개 학교 교장에게 협조를 받고 청소년들이 의견을 가감 없이 논의하는 자리를 만들기 위해 분야를 나눠 토론을 진행했다. 시간과 장소를 다양하게 운영해 되도록 많은 청소년들이 참여할 수 있게 했으며, 그 결과 많은 의견들이 수렴되었다. 이러한 결과는 취합되어 추진위원회에 전달, 아카데미파크를 계획하는데 반영되었다.

함께 만들어가는 공동체의 장

상호 교류가 거의 없던 마을과 학교는 한 공간에서 같이 살아가는 공동체로서 함께할 역할을 고민하기 시작했다. 학교 주변의 통학 안전에 대한 부분, 주민 휴식 공간에 대한 문제, 경관 관리 등에 대한 의제를 발굴하여 주민과

학생이 함께 개선해 나가는 작은 활동들이 이어졌다. 물론 과정 속에서 여러 난제도 생겼고 온갖 수고로움과 새로운 고민거리들이 발생했지만 학생, 주민, 학부모, 선생님이 함께 학교와 마을이 연결된 아카데미파크를 만들었다.

어려웠던 담장 허물기, 공유 체육 시설 설치, 안전한 등하교길 만들기, 마을 공간의 활용 등 학교는 여러 주체의 도움으로 열린 공간으로 거듭났다. 함께하는 공간의 협력을 통한 조성은 그 과정을 참여한 청소년에게 무엇보다 큰 경험이지 않았을까? 진정한 의미의 교육도시 거창을 위해 한 발자국 나아갔다는 생각을 해본다.

에필로그

평범했던 지역을 특별한 의미를 가진 장소로 만드는 일에는 장소의 힘을 읽어내고 공간을 계획하고 공원, 통학로, 운동장 위치를 정하고 설계를 하는 것만이 다가 아니다. 그 안에서 활동하는 다양한 계층의 수요를 파악하고, 그들의 요청이 구현되도록 하여 커뮤니티 간의 관계를 형성하는 것이

그림 2. '애와 어른이 함께하는 축제. 애.어.컨.' 이 축제는 18년 3월 축제기획단의 모집과 설명회를 시작으로, 청소년 축제기획단 '윙즈'가 주도한 세 차례의 기획회의를 통해 동년 7월 실행되었다.

필요하다. 거창 아카데미파크의 시작은 여러 유관 단체가 경관 협정을 위한 문서에 서명을 하면서부터였다. 80억이나 되는 큰 사업비를 유치한 사업 계획이 실행되기 위한 물꼬는 문서였으나 사업의 결과는 다양한 사람이 참여하고, 여러 의견을 조율하고, 실행하기 위해 함께 협력하여 이뤄낸 것이다. 사업 계획은 문서로 남는 것만이 아니라, 활동의 시작을 의미한다.

텅 빈 거리와 쓸쓸한 골목길, 다시 웃음짓다
그 장소를 지키는 사람들

인천 미추홀구 숭의동에는 목공예 거리가 있다. 최소 30년 이상의 목공소들은 다양한 작품을 만들면서 그 자리를 지켜왔으나 세월이 변하면서 손수 만든 물건의 가치는 하락해갔고 긴 세월을 함께한 장소는 소외되고 낙후된 거리로 전락했다.

목공업이 활발하던 시기에는 다툼도, 시기도 없었다. 일감이 넘쳐났고, 주문이 밀려들었다. 하지만 지금은 수요 전반이 감소하였고 최근 소비자의 기호에 맞춘 디자인력을 갖추지 못한 목공소는 단순 수리·가공 작업만을 주로 하는 실정이었다. 그러다보니 '장인'으로 불렸던 사람들은 특화된 목공 작업을 분업·협업으로 진행하기보다는 적은 일거리를 두고 서로 경쟁하는 관계가 되었다. 거리의 쇠퇴는 목공 상인들의 활력도 떨어트렸다.

거리 뒤편, 기찻길과의 사이 공간에는 폭 30m 길이 100m 남짓의 작은 주거지가 형성되어 있다. 차량 접근이 제한적인 좁은 골목길에 소규모 단독 주택들이 밀집해 있고, 작은 텃밭 두 군데와 경로당이 이 마을의 유일한 공유 공간이었다.

이곳의 주민 대다수가 어르신으로, 특히 할머니가 대부분이다. 함께 오순도순 텃밭에서 방금 따온 호박, 가지로 반찬을 만들고 골목길에 의자를 두고 도란도란 이야기도 꽃피우는 마을이지만 외부에서는 그런 마을이 있는지조차 모르는, 그런 동네이다.

활력을 불어넣을 수 있는 대안, 관심

낙후된 마을과 거리에 생기를 불어넣을 사업을 추진하기 위해 인천시가 예산을 확보하였으나 실질적으로 목공소와 주민의 삶에 직접 도움이 될 방법은 전무한 상황이었다. 예산을 투입한다 해도 어떤 성과가 나올지 대안이 없었기 때문이었다. 미추홀구(당시 인천시 남구청)는 이를 해결하기 위해 사전 검증을 하는 실행형 연구 과제를 요구했다.

우리는 연구 과제를 진행하면서 목공소와 주민이 참여할 수 있는 틀을 고민했다. '무엇이 이들을 움직이게 할 수 있을 것인가?' 우선, 목공소를 일일이 돌아다니며 차도 마시고, 잔도 기울이며 얘기에 귀기울이는 시간을 가졌다. 도면을 들고 다니면서 길가에 너저분하게 쌓인 목재를 해결하기 위한 방안을 논의했다. 이러한 과정은 시간이 요구되지만 그러한 과정 속에서 관계가 형성되며 마음이 소통하게 된다.

거리 경관을 함께 관리하기 위한 규칙을 세우고, 입면 공간을 함께 디자인했다. 낡은 거리에 함께하는 통일감을 부여하는 동시에 개별 목공소마다의 특징도 살리려 노력했다. 물레방아 목간판을 대체할 새로운 사업도 필요했다. 목공소 상인에게 정부가 진행하는 재생 사업에 목공 기술을 접목할 수 있음을 알려주고 협동조합으로 함께 일하는 것을 제안했다. 그 첫

한국 조경의 새로운 지평 ─────

그림 3. 목공소 상인들과 함께한 의자 만들기 프로그램으로 상인들과 할머니들의 관계가 형성되었다.

시작은 바로 동네 할머니들을 위한 의자를 제작하는 일이었다.

할매들을 위한 12개의 의자

할머니들은 딱히 갈 곳도 없고, 집에 있으면 심심하니 낡고 버려진 의자를 가져다 골목길에 두고 담소를 나누는 풍경을 보여주셨다. 마을을 관찰하다보니 이분들이 조금 더 편안하게 골목 생활을 하기 위해 좋은 의자가 있으면 좋겠다는 생각을 하게 되었다. 그렇게 목공소 상인에게는 함께하는 일거리를 만들어주고, 할머니들께는 선물을 드리고, 목공 장인들과 할머니들 사이에는 유대 관계를 형성하는 프로젝트가 시작되었다.

목공소 상인에게 갖고 있는 재능을 바로 이웃 마을 할머니들에게 나누자고

그림 4. 할머니들의 화분 가꾸기 활동은 주민들간의 관계를 더욱 돈독히 했다.

제안했다. 우리와 사전 관계가 형성되었던 상인들은 기꺼이 알겠노라고 답했다. 할머니들은 이웃 상인이 본인에게 의자를 선물한 것을 무척이나 좋아하셨다. 의자를 줄 세워 놓고 누구 것이 더 좋은가 품평회도 했다.

마음을 빚다, 경관을 빚다

할머니들은 서로 의자를 바꿔 앉아보며 어린아이처럼 좋아하셨다. 함께 나눠먹을 음식을 하시고, 목공소 상인들을 불러 작은 잔치도 하셨다. 목공소 상인들은 여기서 그치지 않고 할머니들이 직접 그린 본인의 얼굴을 디자인 모티브로 우체통을 만들었다. 비가 오면 비에 젖어 바닥에 나뒹구는 우편물 때문이었다. 고장난 화장실 문, 연탄 창고, 오래된 경로당 신발장, 작은 화분대, 텃밭 경계목, 텃밭 옆 작은 정자도 만들어드렸다. 조용하던 마을과 거리에는 나누는 이야기와 음식으로 활력이 만들어졌다. 이러한 관계를, 그 끈을 연결시키는 것이 우리의 일이다. 이를 위해 현장에서 발로 뛰고 관찰하는 것이 큰 힘이 된다.

에필로그

경관을 만드는 일은 관계를 만드는 일이다. 목공소 상인들이 손수 만든 의자, 텃밭, 화분대, 연탄 창고 등은 골목길을 아름답게 바꾸었다. 할머니들은 화분을 내어 놓고, 빗물받이 물통을 만들고, 버려진 플라스틱 병을 이용해 벽걸이용 화분을 만들어 걸었다. 할머니들이 디자인하고 목공소 상인들이 제작한 편지함이 문 앞에 걸리는 날 모두 함께 모여 밥을 먹고 서로를 칭찬했다. 정겨운 골목길의 풍경은 이렇게 만들어졌다.

커뮤니티 디자인:
사회 문제에 관여하기

김연금 + 제프 호^{Jeff Hou}

커뮤니티 디자인이란? '커뮤니티'와 '디자인' 사이에 '참여'라는 단어를 넣으면 의미는 더욱 분명해진다. 우리나라 말로는 '주민 참여 디자인'이다. 나는 1990년대 말 걷고싶은도시만들기시민연대^(이하 도시연대)라는 시민단체를 통해 '주민 참여'라는 단어를 접한 이후, 글 또는 활동으로 '커뮤니티'와 '디자인'이라는 단어, 혹은 '주민 참여'와 '디자인'이라는 단어를 연결하고 있다. 하면 할수록 이 두 단어의 연결은 단순히 기법의 문제만이 아님을 깨닫게 된다. 2012년 '환태평양 커뮤니티 디자인 네트워크^{Pacific Rim Community Design Network}' 국제 포럼에 참가하면서, 이 두 단어 사이에서 분투하고 있는 여러 나라의 여러 사람을 만나게 되었다. 이 글에서는 네트워크의 중심이면서 워싱턴 대학교 조경학과 교수인 제프 호^{Jeff Hou}와 커뮤니티 디자인을 이야기하려 한다. '어떻게 시작되었는지?' '지금의 시점에서는 어떻게 진행되고 있는지?' '미래는 어떻게 그려야 하는지?'가 대화의 주요 내용이 된다.

그림 1. 2002년부터 도시연대와 함께 한 평짜리 작은 공간이라도 찾아내 공원으로 만들자는 '한평공원 만들기' 운동을 시작하면서 '커뮤니티'와 '디자인'이라는 단어 사이를 연결하는 노력을 해왔다. 현재까지 50여 개소가 넘는 한평공원이 만들어졌다(ⓒ문정석).

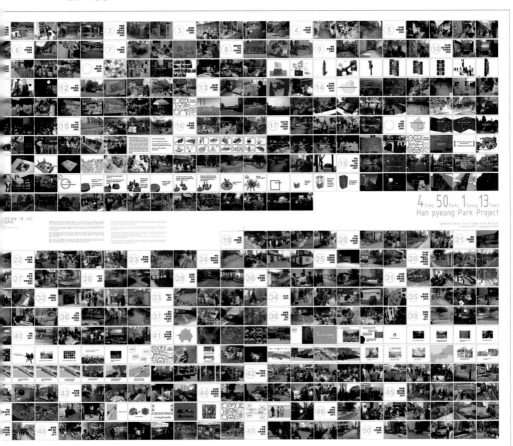

김연금(이하 김): 간단하게 자신을 소개한다면?

제프 호(이하 호): 현재 시애틀에 있는 워싱턴 대학교 조경학과의 교수이자 '어반 커먼스 랩Urban Commons Lab' 소장이다. 주민 참여 디자인, 시민 참여 및 공공공간 작업을 중심으로 한다. 대부분의 시간을 교육과 연구에 쓰지만 여러 지역 사회 프로젝트에도 적극적으로 참여하고 있다. 2001년부터 시애틀 '차이나타운 국제지구Chinatown-International District'에서 지역 사회 이해관계자 및 단체와 함께 골목길, 거리 경관 개선부터 동네공원 개선에 이르기까지 다양한 프로젝트를 하고 있다. 시애틀의 여러 대규모 프로젝트에도 참여하고 있는데, 워터프론트 시애틀Waterfront Seattle의 디자인 감독위원회Design Oversight Committee에 기술 자문을 하고 있다. 1998년에는 환태평양 커뮤니티 디자인 네트워크라는 그룹을 공동 창립했다. 이 네트워크를 통해 환태평양 지역의 많은 주민 참여와 관련된 연구자 및 디자이너와 협력하고 있다. 네트워크가 성장하는 모습과 이 지역에서 활동이 어떻게 확장되고 성숙해지는지를 보는 것은 매우 즐거운 일이다.

김: 작은 시도를 통해 도시 변화를 이끄는 활동을 하고 이를 다루는 글을 써온 것으로 알고 있다. 개인적으로는 "Beyond Zuccotti Park: Making the Public"이라는 글을 흥미롭게 읽었다. 금융 위기 당시 검거 시위의 근거지였던 주코티파크Zuccotti Park를 사례로 공간과 정치의 관계를 다룬 당신의 글은 많은 부분 공감이 되었다. 우리나라에서도 광화문광장은 정권 교체를 가져온 촛불시위의 중심이었기 때문이다. 당신의 책인 『공동체와 텃밭, 그리고 지속가능 도시Greening Cities, Growing Communities(2009)』는 한국에서도 번역되었다. 최근의 관심사는 무엇인가? 관심이 변화했다면 그

이력을 간단히 설명해줄 수 있는가?

호: 현재 주요 관심사는 커뮤니티 회복력community resilience과 장소 만들기이다. 올해는 COVID-19 유행으로 환태평양 지역에서의 커뮤니티의 자립과 상호부조 노력에 관심을 두게 되었다. 이러한 노력이, 집이 없거나 봉쇄 기간 동안 고립될 수밖에 없었던 사람들처럼, 도움이 필요한 사람들과 지역 사회를 지원하는 데 있어서 얼마나 중요한 역할을 하는지 눈여겨보았다. 올해 7월에는 이러한 창의적 활동을 연구했거나 참여했던 많은 이들과 함께 'Bottom-Up Resilience'라는 웨비나 시리즈를 진행했다. 어려운 상황에서 베풀어진 관대함과 사회적 회복을 위한 활동을 알게 되어 가슴이 뛰었고 시야도 넓어졌다. 돌이켜보면, 나의 직업적 관심은 크게 변하지 않았다. 『공동체와 텃밭, 그리고 지속가능 도시』라는 책과 함께 시작한 커뮤니티 가든 작업부터 지금까지, 항상 관심은 환경을 만들고 이끌어온 시민 또는 커뮤니티 주체의 활동에 있었다. 최근 몇 년, 그런 주체들의 활동이 다시 활발해지면서 나도 바빠졌다.

김: 미국에서의 커뮤니티 디자인은 1960년대 전문가 사이에서 하나의 사회운동으로 시작했으나, 1980년대 들어서 이론적 체계를 갖게 된 것으로 알고 있다. 그러나 이후 커뮤니티 디자인을 수행하는 단체가 기업화되면서 사회의 보편적 문제보다는 지역 문제에 집중하게 되었고, 초기의 운동적 성격을 잃었다. 이와 같은 이해는 많은 부분 1984년 코메리오Mary Comerio가 쓴 논문 "Community Design: Idealism and Entrepreneurship"에 기댄다. 미국에서의 커뮤니티 디자인의 시작과 과정을 좀 간단히 이야기해줄 수 있는가?

호: 맞다. 미국에서 개념과 실천으로서의 커뮤니티 디자인은 1950년대와 1960년대 사회적 환경에 대응하면서 시작되었다. 당시 유럽과 다른 곳에서도 하향식 계획top-down planning에 문제를 제기하는 운동이 있었다. 미국에서는 특히 인종 차별을 끝내고 법에서 명시하는 평등권을 확립하기 위해 흑인 운동가와 지지자가 시민권 운동을 펼쳐나갔고 이와 함께 커뮤니티 디자인 운동도 시작되었다. 그러나 커뮤니티 디자인 운동은 광범위한 사회 운동이라기보다는 전문가의 대응이었다. 시간이 지날수록 시민 참여는 제도화되었고 절차적 요구 사항이나 규범적 관행이 되었다. 대신 사회 개혁에 대한 비전과 목적은 줄었다. 당신 말이 맞다. 어떤 면에서는 운동으로서의 매력을 잃었다. 그러나 최근 몇 년 동안 다시 디자인 행동주의design activism에 관심을 두는 사람이 늘고 있다. 나는 미국을 비롯한 여러 곳에서, 사회 변화에 영향을 줄 수 있는 디자인에 관심 가진 젊은 디자이너들을 만나고 있다. 최근에는 조경재단Landscape Architecture Foundation의 지원을 받아, 기후 변화와 사회·경제적 불평등이라는 중요 문제에 대한 전문가적 대응으로써 디자인 행동주의 실천을 연구했다.

김: 나는 당신을 2012년 서울에서 있었던 환태평양 커뮤니티 디자인 네트워크 포럼에서 처음 만났다. 그 이후 2, 3년마다 열리는 포럼에 모두 참여했다. 한국에서는 시민 단체가 아닌 아카데미 영역에서 생각을 공유하는 사람들을 만나는 게 쉽지 않은데, 그곳에서는 나와 사용하는 언어가 같은 이들을 만날 수 있어 기쁘다. 이론과 현장을 오고 가는 이들의 이야기를 들을 수 있고 동아시아가 가지고 있는 지역성에 근거한 활동에서 미국이나 유럽과는 다른 특수성, 그리고 아시아를 관통하는 어떤 보편성을 볼 수

있었다. 물론 이를 통해 우리나라가 가지고 있는 특수성도 읽을 수 있었다.

2014년 대만에서는 자연재해로 삶의 터전을 옮겨야 하는 상황에서 이루어진 협력과 연대의 힘을 볼 수 있었다. 2009년 대만을 덮친 태풍 모라꽃Morakot으로 사라진 마을을 여러 날에 걸쳐 찾아가는 여정을 그린 다큐멘터리 'How far is the way home'을 보던 린나리Rinanri에서의 밤은 잊히지 않는다.

이렇듯 이 포럼은 아시아에서의 여러 활동을 모으고 생각을 공유하는 데 있어서 큰 역할을 한다. 그 중심에는 당신이 있고, 당신은 누구보다도 여러 나라의 커뮤니티 디자인 상황을 잘 알 거라고 생각된다. 미국이나 서구와 비교했을 때, 대만을 비롯한 아시아 커뮤니티 디자인 활동의 특징이 무엇인지 간단히 설명해줄 수 있는가?

호: 좋은 영향을 받았다니 기쁘다. 맞는 말이다. 흥미롭게도 커뮤니티 디자인이 발생한 상황은 나라마다 다르다. 대만에서의 커뮤니티 디자인 운동은 민주화를 향하는 과정 중의 하나였다. 대만이 권위주의적인 과거에서 벗어나 민주주의를 수용하면서 계획 및 디자인에서도 민주화가 필요해졌고, 다양한 단위의 계획 및 설계에서 시민 참여가 이루어지고 있다. 홍콩에서는 지역 사회 단체가 개발 프로젝트에 반대하면서 커뮤니티 디자인이 실천되었다. 최근 몇 년간, 고속 철도 건설로 사라질 뻔했던 채위엔 마을Choi Yuen Village 재조성과 1922년에 지어진 아파트 블루하우스Blue House 보존 같은 중요한 성과가 있었다. 그러나 대부분 시민 참여의 범위와 영향력은 제한적이고, 현재의 정치 상황은 새로운 한계를 만들고 있다. 정치적 여건에도 불구하고 중국에서도 청두의 참여 예산과 상하이의 커뮤니티 참여를

통한 소규모 도시 재생 시도 등 참여 설계 사례가 있다. 커뮤니티 디자인은
일부 디자인 학교와 청년 전문가 사이에서 뜨거운 관심사가 되고 있다.

김: 한국에서도 커뮤니티 디자인은 하나의 운동으로 시작되었다. 그러나
마을만들기, 도시 재생이 중앙 정부, 지방 정부 도시 정책의 중심이 되면서
커뮤니티 디자인도 정책 실행의 일환이 되었다. 예전에는 불모의 분야를
개척한다는 생각이 들었는데, 요즘은 잘 짜인 과업지시서 안에서 일을 하게
된다. 당신도 알다시피 나는 2000년대 초에 도시연대라는 시민 단체와 함께
도시의 자투리 공간을 주민과 협력하여 작은 공원으로 만들자는 한평공원
운동을 시작했다. 주민이 도시 조성의 주체가 되어야 하고 틀에 짜인 도시
계획의 공간적, 사회적 빈틈을 커뮤니티와 함께 메꾸자는 의도였다. 그런데
요즘은 많은 지방 정부에서 정책 중 하나로 유사한 프로젝트를 진행하고
있다. 과업지시서에는 주민 참여를 몇 번 해야 하는지, 어떻게 자투리
공간을 조성해야 하는지가 이미 제시되어 있다. 또한, 기업이 이러한 활동을
후원하게 되면서 보여주기식으로 흐르는 경향도 있다. 이러한 커뮤니티
디자인의 제도화 혹은 상업화와 관련된 미국이나 대만에서의 사정은
어떠한가?

호: 좋은 질문이다. 친구이자 동료인 시애틀 근린생활국Seattle Department
of Neighborhoods 전前국장 짐 디어스Jim Diers는 참여participation와 권한
부여empowerment를 구분해서 이야기한다. 그는 참여의 맥락에서는, 정부가
이미 의제와 우선순위를 정해 놓은 경우가 많다고 본다. 반면 권한 부여의
맥락에서는 시민이 의제와 우선순위를 정할 수 있도록 한다. 불행히도 정책
및 계획 시스템은 후자보다는 전자를 따르는 경향이 있다. 시애틀에서는

짐의 지도력 아래 지역 사회 단체와 시민이 시작한 프로젝트를 지원하는 NMF^{Neighborhood Matching Fund} 프로그램을 만들었다. 시민이 정한 의제와 우선순위를 지원하는 것이다. 대만 타이베이시에서는 2014년 지역 사회 단체가 제안하는 프로젝트에 사업비를 지원하는 '오픈그린^{Open Green}'이라는 NMF 프로그램을 시작했다. 현재 7년째 운영되고 있고, 도시 재생의 목적으로 커뮤니티 공간 활성화에 초점을 맞춘 프로젝트를 광범위하게 지원하고 있다. 주민 조직은 전문가 팀의 지원을 받아 프로젝트의 범위를 결정하고 프로젝트를 통해 서로 협력하는 방법을 배운다.

김: 같은 맥락의 질문일 수도 있는데, 커뮤니티 디자인을 새로운 방식으로 펼치는 단체들이 궁금하다. '택티컬 어버니즘^{tactical urbanism}'이라고 부를 수도 있겠는데, 뉴질랜드 사회적 기업 '갭필러^{Gap Filler}'는 이벤트와 임시 시설 설치로 공간을 순간적으로 전환한다. 크라이스트처치^{Christchurch} 지역에 조성될 대규모 스포츠 센터 'Metro Sports Facility'를 비판하는 'Retro Sports Facility' 프로젝트에서는, 우리나라로 치면 제기차기 같은 전통 놀이를 하거나 그것을 관람하는 공간인 '그랜드스타디움^{Grandstandium}'을 설치했다. 또 동전 세탁기를 재활용한 주크박스에 2달러만 넣으면 음악이 흘러나와 바로 춤을 출 수 있도록 하는 '댄스-오-매트^{Dance-O-Mat}'를 고안했다. 내용은 진지하지만 담는 틀은 가볍고 재치 있다. 기획의 내공을 짐작할 수 있다. 이 외에 소개해줄 다른 조직이 있나? 한국에서 조경을 공부하는 젊은이들이 참조해서 새로운 길을 상상해볼 수 있으면 좋겠다.

호: 뉴질랜드 갭필러의 작업은 매우 훌륭하다. 건축가나 조경가가 아닌 예술가 그룹에서 시작했기 때문에, 이 분야 사람이 갖는 종류의 무게감이

그림 2. 댄스-오-매트. 동전 세탁기에 2달러를 넣으면 4개의 스피커를 통해서 30분 동안 음악이 흘러나온다. 순간적으로 도심 내 빈 공간의 성격을 바꿔놓는 이 프로젝트는 하향식(top-down)이 아니라 상향식(bottom-up)으로 공간 재생을 실험한다(ⓒ갭필러).

없었을 것이다. 이들 외에도 전문 분야 밖에서 시작해 매우 흥미로운 일을 하는 청년 집단이 꽤 있다. 대만 '두유어플레이버Do You A Flavor'라는 그룹은 노점상을 위한 제품을 설계하고 집이 없는 사람과 음식을 나누면서 소외 계층을 지원하고 있다. 최근에는 집이 없는 사람을 위한 카페 겸 쉼터 운영에 관한 계약을 체결하고, 그들에게 일자리와 다양한 서비스를 제공하고 있다.

두유어플레이버와 같은 그룹은 이미지나 영상, 소셜 미디어로 인지도를 높이고 자원봉사자를 모집하는 일에 매우 능숙하다. 또한, 지리적으로 경계 짓는 경향이 있는 '커뮤니티'라는 관습적인 개념을 넘어서 활동한다. 소셜 미디어를 사용하여 광범위하게 자원봉사자 네트워크를 동원하고 역량을 확장할 수 있다. 이들의 작업에서 커뮤니티 디자이너의 새로운 방향과 기회를 볼 수 있다.

김: 나는 최근 지역에서 사람으로 관심이 옮겨가고 있다. 앞에서도 말했지만, 마을만들기나 도시 재생이 중앙 정부와 지방 정부의 정책이 되다 보니 '지역성'을 고민하고 현장에서 실천하는 이들은 늘었으나, 나 스스로는 흥미가 줄었다. 그래서 요즘은 지역을 벗어나 장애인이나 아동 등 소외된 사람에 관심을 두고 있는데, 다른 분야 전문가와의 협업은 쉽지 않다. 아동이나 장애인 분야 사람들의 언어와 사고 체계를 알아야 하고 그들의 자세한 생활 경험에서 비롯된 정서, 규범도 알아야 한다. 당연히 사람과 지역적인 문제가 만나면 더 어려워진다. 저소득층 주거지의 아동·장애인 문제는 접근하기 더 어렵다. 이렇게 사회적 이슈나 정책의 방향이 변하면서 자신을 커뮤니티 디자이너라고 지칭하는 이들이 추구하는 역할도 달라진다. 당신이 볼 때 앞으로 커뮤니티 디자인은 어떻게 변해야 할까?

호: 내가 앞에서 언급한 두유어플레이버의 예가 어느 정도 답이 될 것 같다. 그렇다. 더욱 광범위한 사회적 문제에 접근하기 위해서는, 이제껏 해왔듯이 지역적이고 지리적으로 연결된 커뮤니티에만 집중해서는 안 된다. 두유어플레이버의 작업이 좋은 예다. 그들은 사회 복지 단체와 협력하고 예전에는 잘 알지 못했던 문제를 배우기 위해 스터디그룹을 구성했다.

그림 3. 초록우산 어린이재단 부산종합사회복지관과 함께 어린이들과의 워크숍을 진행하며 동네를 탐색하고, 소박하게나마 자투리 공간을 놀이 공간으로 바꾸는 실험을 했다. (ⓒ초록우산 어린이재단 부산종합사회복지관)

올해 초에 우리(워싱턴 대학교 교수진)는 COVID-19 대유행 동안 노숙자가 손을 씻을 수 있는 방안을 개발하고 있는 시애틀 '리얼체인지Real Change'라는 노숙자 옹호 단체의 연락을 받았다. 리얼체인지를 통해 봉쇄 기간 동안 공공시설이 폐쇄되면서 노숙자가 직면하게 된 문제를 알게 되었다. 그들은 또한 우리가 개발한 손 씻는 시설인 '시애틀스트리트싱크Seattle Street Sink'를

그림 3. 이어서 (©초록우산 어린이재단 부산종합사회복지관)

설치할 수 있는 조직과 우리를 연결해주었다. 최근에는 시의회와 협력하여 우리 프로젝트를 시 예산에 추가했다.

오늘날 사회 문제가 복잡해지면서 이러한 파트너십이 점점 더 중요해지고 있다. 영향을 확산시키고 중요한 사회적 의제를 발전시키기 위해서는 다양한 조직의 전문 지식이 필요하다.

김: 마지막 질문이다. 당신은 이전 이메일에서 조경을 공부하고 있지만, 보수나 노동 강도 등의 이유로 직업으로써는 조경을 선택하지 않는 현상이 대만에도 있다고 했다. 이 글을 읽는 학생들이 조경을 직업으로 선택할 수 있도록 홍보한다면? 커뮤니티 디자인을 추구하는 당신으로서는 어떻게

홍보하겠는가?

호: 대만에서 낮은 보수는 조경뿐만 아니라 다른 많은 직업에서도 큰 문제다. 청년들의 관심을 지속시키는 보수 좋은 일자리를 찾는 건 쉽지 않다. 대부분이 기관이나 기업에서 일했던 우리 세대와 달리 오늘날은 많은 청년이 팀을 짜서 벤처 사업을 시작한다. 2015년 풀브라이트 장학지원Fulbright Scholarship을 받아 대만의 새로운 사회적 스타트업을 연구했다. 당시 많은 스타트업이 시작한지 불과 몇 달밖에 되지 않았었다. 앞에서 말했던 두유어플레이버와 마찬가지로 청년들은 공동 생활, 공동 작업, 이주 노동자 및 사회 디자인을 포함한 문제를 다루며 시작했다. 지금도 많은 조직이 창의성과 기술로 시급한 사회적 요구를 해결하기 위해 애쓰고

그림 3. 이어서 (ⓒ초록우산 어린이재단 부산종합사회복지관)

한국 조경의 새로운 지평

그림 4. 노숙자들이 손을 씻을 수 있는 시애틀스트리트싱크. 사용된 물은 화분으로 흘러들어 간다.

있고, 정직원으로 팀을 구성할 만큼 회사를 확장하고 있다. 젊은 조경가이들에게서 새로운 모델을 배울 수 있다. 하룻밤 사이에 이 분야를 바꿀 수는 없지만, 새로운 방향을 실험하고 탐구할 수는 있다. 우리가 좋아하는 직업을 찾을 수 없다면 새로운 직업을 만들어내자. 이미 많은 사례가 있다. 미국에는 디자인학교 졸업생이 시작한 'MASS Design Group'과 'KDI^{Kounkuey Design Initiative}'가 있고, 영국에는 'Assemble'이 있다. 다소 예외적이긴 하지만 적어도 대안이 있다는 것은 알 수 있다.

2

정원, 그린
그리고 건강 사회

그린과 건강·행복:
보다 나은 삶을 위한 조경의 역할

성종상 + 탁영란

지금 한국 사회는 많이 아프다. 일제 식민지, 동족 간의 전쟁, 군부 독재, 그리고 급속한 산업화와 경제 개발로 이어진 한국 근현대사를 거치는 와중에 자신과 주위를 미처 돌보지 못한 탓일 것이다. 돈과 효율, 경쟁 등을 앞세우는 세태 속에서 개인과 집단 간의 차별과 갈등, 그리고 그에 따른 트라우마로 폭발 직전의 위험 상태에 와 있다는 경고도 있다. 그러다 보니 최근 들어 부쩍 분노, 혐오, 불안, 우울, 치유, 힐링, 회복 등의 단어를 자주 접하게 되는 듯하다. 이는 한국 사회의 우울한 단면인 것은 틀림이 없겠지만, 보다 나은 삶을 찾아가는 과정이라는 긍정적인 면도 있다고 본다. 바야흐로 우리 사회가 먹고 사는 문제를 넘어 개인의 정체성 및 정서에 부합하는 삶을 찾고 있다는 반증으로도 볼 수 있다. 요컨대 국가적, 집단적인 갈등 상황

속에서 어떻게 개인과 집단의 건강을 치유하고 회복시킬 수 있을 것인가라는 과제가 우리 앞에 중요한 현안으로 놓여 있는 셈이다.

도시 내 자연이 인간 건강에 미치는 효용

근대 산업화와 도시화 이후 도시민의 건강은 도시 환경, 특히 도시의 자연 환경에 크게 영향을 받아왔다. 도시 내 자연이 인간 건강에 미치는 효용은 간략히 신체적, 생리적, 심리·정신·영적, 사회적 측면으로 정리할 수가 있다.

• 신체적 효용: 생물체로서 인간의 삶은 자연 환경에 의존해 왔다. 일하고 놀고 쉬는 모든 활동은 환경 속에서 몸을 움직임으로써 이루어진다. 도시에서도 자연은 여전히 인간 활동을 담아내는 중요한 무대이다. 신선한 공기와 햇빛 속에서 숨쉬고 움직이는 심폐 기능과 근골격계의 항진, 감각 기능을 통한 새로운 정보 처리와 대뇌 자극은 신체적 건강에 필수적이다. 특히 성장기의 어린이와 청소년에게 자연 환경은 신체 활동과 정서 함양 차원에서 매우 중요하다.

• 생리적 효용: 누구든지 자연 속을 거닐거나 활동하다 보면 어느새 스트레스나 정신적 피로감이 줄어든 경험이 있을 것이다. 자연과의 접촉은 자율 신경계를 자극함으로써 신경망을 통해 생리적 기능을 증진하는 효용을 준다. 생리적 안정 상태, 즉 항상성Homeostasis은 건강과 직결된다. 스트레스는 혈액 속 자연 면역 세포를 손상시켜 면역력을 약화시킴으로써 질병을 가져온다. 반면 자연 환경은 스트레스를 낮추고 조절하는 효용이 있어 자연 면역 세포의 기능을 활성화한다. 특히 현대 사회의 주요 질환인 암,

그림 1. 블로델 리저브(Bloedel Reserve)의 산책로. 청정한 자연 환경 속을 걷는 것만으로도 우리는 신체뿐만 아니라 정신적·심리적 건강을 회복할 수 있다(ⓒ성종상).

만성 질환은 스트레스로 인한 면역 세포의 기능 약화와 관련이 있다는 것이 확인되면서, 자연을 통한 스트레스 저감 효용에 관심이 높아지고 있다.

· 심리·정서·정신·영적 효용: 자연의 일부인 인간은 자연을 떠나서 살아갈 수가 없다. 자연과의 교감은 마음을 편하게 이완시켜 주고, 정신적 몰입감과 집중력을 높여 준다. 특히 자연과의 깊은 교감이나 그에 따른 유대감은

개인을 넘어 집단적 공유 가치로서의 의미가 크다. 조선 시대 선비들이 산림 가까이에서 자족하며 깨달음을 통한 이상적 삶을 꿈꾸던 것이나, 아메리카 신대륙 개척 시대 원주민 인디언들이 유럽에서 건너온 서양인들에게 자연에 대한 경외감을 일관되게 강조한 것 등은 그 좋은 예일 것이다. 19세기 저술가 헨리 소로우Henry D. Thoreau가 월든 호숫가 숲 속에서 지내며 자유와 행복감을 토로한 것에서도 자연이 주는 정신과 영적 고양의 효용을 엿볼 수 있다.

• 사회적 효용: 사회적 동물인 인간에게 있어 사회적 교류 및 지지는 건강과 안녕감에 필수적이다. 현대 도시에서 녹지 환경은 도시민의 사회적 장이라는 점에서 새롭게 주목할 필요가 있다. 쉽고 편리하게 접근할 수 있는 근린 녹지 속에서 시민들이 일상적인 만남과 소통을 유지해 나갈 수가 있기 때문이다. 도시 내 녹지 공간, 공원, 텃밭, 가로수 등은 도시민이 산책과 소요, 여가 활동 등을 통해 가족과 친구, 다른 사람들과 함께하는 사회적 장으로서 그 중요성이 크다. 최근 고령화 사회에 진입하면서, 거주지 근처에서 이웃과 만나고 교류할 수 있는 쉼터나 공원은 노약자의 건강 증진 차원에서도 충분히 주목할 만하다.

자연과의 접촉이 건강과 행복에 작용하는 기제

자연과의 접촉이 건강과 행복에 작동하는 기제는 대체로 다음과 같이 요약해 볼 수가 있다.

첫 번째, 스트레스 조절 경로이다. 자율 신경계 안정이 호르몬을 통해 스트레스를 조절하고 뇌의 정보 처리 집중과 이완을 조절함으로써, 건강과 행복에 영향을 주게 되는 경로이다. 자연 환경이 감각을 통해 새로운 정보 이해 및 복잡한 업무 수행 등과 같은 대뇌의 인지 정보 처리 과정을 효과적으로 대응하는 데 도움을 준다는 주의 회복 이론Attention Restorative Theory과 스트레스 저감 이론Stress Reduction Theory은 이러한 경로를 설명하는 대표적인 이론이다. 현대 도시민의 스트레스와 활동 부족 등으로 인한 만성 질환의 예방은 물론 심리적, 사회적 균형을 되찾도록 하는 기전을 자연이 주는 회복력[1]으로 설명할 수 있다.

두 번째, 인간 정주 환경에 위협적인 심각한 환경적 유해 요소를 낮춰줌으로써 건강과 행복을 가져온다는 환경 조절 경로이다. 오염되고 더러워진 환경은 각종 질병과 전염병이 발생할 수 있는 진원지이다. 도시 내 자연 환경과 녹지는 이러한 환경 위해 요소를 낮추거나 완충 또는 차단함으로써 거주민의 건강과 삶의 질을 높이는 데에 긍정적으로 기여한다. 19세기 서구 산업 사회 이후 도시화로 인한 건강 문제를 해결하기 위한 도시 공원 운동은 바로 이 기전에 바탕을 둔 것[2]이다. 도시공원을 도시의 허파라고 비유하는 것이나, 도시 내 수변 공간을 조성하여 도시의 열섬 효과를 저감하려고 하는 것도 같은 맥락으로 설명이 가능하다.

세 번째, 자연 환경은 인간의 신체적, 정서적, 정신적 활동을 촉발하는 장소로서 운동, 여가, 문화 활동, 그리고 사회적 만남 등을 위한 열린 무대가 된다. 잘 다듬어지고 아름답게 관리된 녹지는 보는 이로 하여금 들어가서 뛰어놀고 싶은 '적극적인 호기심active curiosity'을 저절로 불러일으킴으로써 신체 활동을 유발한다.[3] 신체 활동을 함께하다 보면 저절로 마음을 나누고 생각을 소통하게 된다. 양호한 자연 환경은 신체 활동의 장이 되기도 하고 정서적, 정신적 교감의 대상도 되면서 사회적 관계 회복에 기여한다.

건강-자연 상관성의 역사

자연 환경과 건강 사이의 관련성에서 주목할 만한 사실은 정원의 역사가 치유 및 병원의 역사와 함께 있어 왔다는 점이다. 사실 일상 환경을 건강의 한 조건으로 간주한 시각은 이미 오래 전부터 있었다. 고대 그리스의 치유의 신 아스클레피오스Asclepius를 모신 신전은 샘, 목욕장, 체육 시설, 그리고 치유정원을 갖추고서 경관이 좋은 초지에 건립되어 있었다. 로마 시대 저술가 플리니Pliny the Younger는 번잡한 로마 시내보다는 맑은 공기와 물, 시원한 바람과 따뜻한 햇볕, 그리고 경치까지 좋은 교외 구릉지가 건강에 훨씬 유리하다고 주장하였다. 동서양의 대표적 이상향인 에덴동산이나 무릉도원 역시 온갖 꽃과 과실이 넘쳐나고 맑고 시원한 물과 공기, 그리고 아름다운 경치를 갖춘 곳으로 묘사된다. 쾌적하고 아름다운 경관을 갖춘 자연 환경의 영향은 몸과 마음의 건강에만 그치는 것이 아니라, 사회적 유대와 정신적 안녕과 행복을 위해 필수적이라는 점이 시대를 관통하며 이어져왔다.

되돌아보면 한국 전통의 삶에서도 유사한 면모를 발견할 수 있다. 자연은 단순히 즐김의 대상만이 아니라 학문과 예술을 기르고 심성을 닦는 도량이면서 심신을 달래주는 청량제이기도 했다. 조선 후기 대학자 김창흡은 자연을 몸 속 온갖 고통과 슬픔을 잊게 해 주는 좋은 벗이고 훌륭한 의원이라고 높이 평가하기도 했다. 한국 전통 마을의 정자목이나 마을숲이 지닌 건강 증진 효용도 주목할 만하다. 그것들은 경관이나 생태적 효용을 넘어 마을민의 사회적 관계와 공동체 의식을 고양하는 중요한 매개체로 작용해 왔다. 마을 입구의 정자목 아래 쉼터에 주민들은 물론 지나가는 이들도 잠시 앉아 더위를 피하다 보면 이야기를 나누게 된다. 이렇게 촉발된 만남과 소통은 사람 사이의 이해나 공동체 의식을 증진시킨다. 이러한 마을숲의 효용은 지금도 발견된다. 서울 강남구 도곡동(역말축제)과 경북 영양군 도곡마을(도곡리마을숲축제)의 경우 오래 전 마을을 떠난 출향민들이 마을숲 축제를 기획, 개최하면서 애향심과 공동체적 가치를 성공적으로 되살려내고 있다.

건강-자연 촉매로서 조경

조경의 기본 임무는 일상의 환경에 자연을 들여와 아름답게 재구성하는 일이다. 도시 내 산이나 하천 등의 자연 환경과 공원 녹지는 물론, 크고 작은

그림 2. 서울시 강남구 도곡동의 역말제. 아파트촌으로 완전히 바뀐 후에도 살아남은 느티나무 보호수가 오래 전에 떠나간 실향민과 새 이주민 간의 만남과 소통을 이끌어내는 촉매로 작용한다(ⓒ성종상).

그림 3. 경북 영양군 일월면 도곡리의 마을숲축제. 오래 전에 고향을 떠난 출향민들의 발의로 2013년 시작된 축제로 남아 있는 주민들과 함께 마을 공동체적 가치와 유대감을 되살리면서 지역 문화 예술은 물론 지역 기반 비즈니스 활동까지 창출하고 있다(©오부원).

정원이나 광장 등은 조경의 주 대상이자 성과물이다. 나무와 꽃, 흙과 돌과 물, 그리고 맑은 공기와 따뜻한 햇볕으로 채워진 그곳에서 사람들은 산책과 운동을 즐기고 안식과 만남을 취한다. 자연과 접촉하고 다른 이와 만나 소통하면서 건강은 증진되고 회복이 이루어진다. 조경의 사명은 결코 눈을 즐겁게 하는 데에만 있지 않다. 녹색이 주는 시각적 효과와 기능성을 넘어 구성원들 간의 건강한 만남을 촉진하고 관계를 회복시키는 중요한 사회적 장으로서의 효용까지도 담아내야 한다. 이는 조경 본연의 가치를 살리는 조경의 핵심 임무라 할 수 있으며, 현대 조경의 아버지인 옴스테드Frederick Law

Olmsted의 조경 철학이기도 하다. 녹색 자연이 주는 신체적, 정신적 건강 증진 효과와 더불어, 장소의 의미와 자연 감성을 되살려냄으로써 심미적, 사회적 건강 증진 효과까지도 달성해내는 일은 매우 중요하다. 조경에서 다룰 만한 과제들로는 다음을 들 수가 있겠다.

- 도시 내 기존 자연 환경을 다양한 생물체가 공존할 수 있는 생태 환경으로 더 건강하고 아름답게 만들어 도시민의 건강과 안녕에 기여하도록 함
- 도시 내 모든 자연형 및 조성형 공원 녹지를 통합하고 연계시켜 바람과 공기, 습도와 온도, 먼지와 소음 등을 적절히 조절하게 함으로써 시민의 건강을 증진시키도록 함
- 새로 조성되는 공원 녹지를 모든 이를 위해 열린, 사회 통합 및 공용의 자연 환경 공간으로 조성하여 구성원의 사회적 건강 증진에 기여하도록 함
- 시민과 구성원들이 쉽게 접근할 수 있는 곳에 공용의 정원public garden, 커뮤니티 텃밭, 쉼터, 걷기 좋은 길 등을 조성하여 함께 즐기며 만나고 소통할 수 있는 가능성을 높임으로써 신체적, 정신적 건강과 함께 사회적 건강을 증진하도록 함
- '살아온 곳에서 노후 보내기aging in place,' '노령 친화 도시age friendly city,' '활동적 삶active living' 등 최근 중요하게 부상 중인 개념을 실효적으로 구현하는 방안으로서 생활 환경 정비 혹은 계획하기
- 개인 주거 공간에도 개인과 가족, 이웃 간의 만남, 소통, 나눔과 보살핌을 촉발할 수 있는 다양한 유형의 정원 요소를 적극 도입함으로써 건강 회복과 증진에 기여하도록 함

그림 4. 깨끗하고 건강한 자연은 그 자체로 이미 건강 촉진제이다. 독일의 그라피셔 파크 배드 드리부르크 (Gräflicher Park Bad Driburg)는 청정한 자연이 잘 보전된 공원 속에서 자연 치료와 회복 프로그램을 운영하는 곳이다(ⓒ성종상).

2020년 9월, '건강한 커뮤니티와 환경, 그리고 이들 설계와 관리에 있어서 조경이 갖는 핵심 역할'이라는 주제로 세계조경가협회IFLA 이사회가 개최되었다. 코로나19로 인해 온라인으로 진행된 회의의 주요 의제는 "'건강한 커뮤니티,' '정신적 건강,' 그리고 '생태'를 위해 조경가들이 과연 어떠한 역할을 할 것인가?"라는 질문이었다. 전문 영역으로서 조경의 역사는 불과 백여 년 남짓한 정도로 짧은 편이다. 하지만 자연과 인간의 관계에 주목하여 생태적으로 건강하고 균형적인 환경을 창출함으로써 인간은 물론 다양한 생명체의 건강과 웰빙을 증진하는 데 기여한다는 목표는, 탄생 이후 지금까지 일관되게 견지해 오고 있다. 사실 건강과 행복은 인간이면 누구나 추구하는 기본적인 가치이다. 자연으로 구성된 옥외 환경은 신체적, 정신적, 사회적 차원에 걸쳐 거주자의 건강과 안녕에 도움이 된다.

조경을 통한 건강 증진 연구

환경과 건강 간의 상관성을 따지는 연구가 근래 들어와 크게 주목받고 있다. 그린을 통한 건강 증진에 대한 과학적 접근은 80년대 후반부터 일부 선구적인 연구가 이뤄졌을 정도로 역사가 그다지 길지는 않다. 하지만 최근 들어 다양한 분야 간의 융복합적 연구가 대폭 늘어나고 있다. 그 대표적인 분야는 조경·건축·도시·지리·교통 등의 공간환경학, 심리·사회·사회 복지 등 사회학, 생태·환경·산림 등의 자연과학, 예방·대체·임상 등의 의학, 뇌과학, 간호학, 보건학, 체육학, 관광학 등으로 실로 광범위하다. 대체로 이들 연구는 각 분야 고유의 이론과 방법론을 통합하여 측정하고 종합함으로써 '그린'이 인간의 신체적·정신적·사회적 건강에 미치는 영향을 융복합적·과학적으로 입증하고 있다. 이른바 '근거 기반 연구evidence based research'로서 이와 같은 접근은 과학적 신뢰와 함께 건강에 대한 관심이 급증하고 있는 시대적 상황 속에서 크게 주목받고 있다.

하지만 국내에서의 관련 연구는 의학이나 보건학, 간호학, 산림학 등에서 일부 성과가 있기는 하지만 아직 많이 부족한 실정이다. 조경학 분야역시 도시 공원 녹지, 옥상 녹화, 도시 오픈스페이스, 전통 경관 및 정원등이 건강에 미치는 영향을 다룬 연구가 최근 조금씩 증가하는 추세이기는하다. 하지만 아직은 양적, 질적으로 충분하지 못한 데다 다양한 분야 간의융복합적인 연구도 그다지 활발하지 않은 듯하다. 이는 서구는 물론 최근급증하고 있는 일본과 중국에서의 연구 성과와 비교하면 국가적 차원에서의관심과 노력이 필요한 상황이라고 판단된다. 더욱이 자연에 대한 각별한인식과 실천을 오랜 전통으로 유지해오고 있는 한국인 특유의 문화적맥락에서 보면, '조경을 통한 건강 증진'이라는 의제는 앞으로 꼭 주목할 만한핵심 주제가 아닐까 한다.

마무리

수 년 전 미국 백악관에 있는 색다른 장소가 주목을 받은 적이 있다. 오바마 미국 대통령 재임 시절, 부인 미쉘 오바마가 조성해 운영한 백악관텃밭Whitehouse Kitchen Garden이 그것이다. 아동 비만 문제 해결을 위해영부인은 근처 아이들과 함께 텃밭을 가꾸며, 전 미국인에게 건강한 먹거리의중요성을 국가적 아젠다로 부각시켰다. 백악관 관내에서 아이들이 영부인과함께 텃밭 활동에 참여하고 수확한 농산물을 어려운 이들과 나눔으로써

그림 5. 버락 오바마가 미국 대통령으로 재임 중이던 때에 영부인 미쉘은 백악관에 텃밭을 조성하고는 인근 아이들과 함께 가꿨다. 아동 비만에 따른 건강 먹거리 문제를 전 국민에게 알리면서 동시에 아이들의 신체, 정신, 사회적 건강 증진까지 고려한 배려 깊은 시도였다(사진 출처: https://images.csmonitor.com/csmarchives/2010/01/0113-White-House-Garden.jpg?alias=standard_900×600).

아이들에게 자존감과 사회적 연대 의식을 함양시킨 것은, 측정할 수 없지만 매우 소중한 성과였던 것으로 평가된다.

인간은 누구나 건강한 삶을 꿈꾼다. 세계보건기구WHO에서는 이미 지난 1948년에 건강을 신체적, 정신적, 사회적 안녕의 상태로 정의했다. 단지 질병이나 장애가 없는 상태가 아니라, 이들 셋 중에 하나라도 온전하지 못하면 건강하다고 보기 어렵다는 것이다. 21세기 들어 WHO는 '모든 이를 위한 건강Health for All'을 강조함으로써 인간은 사회 문화·경제적 여건에 관계없이 누구나 안전하고, 질병으로부터 보호 받고, 건강과 안녕을 추구하는 삶을 누릴 수 있음을 선포했다. 건강을 인간의 기본권으로 강조하고 있는

한국 조경의 새로운 지평

것이다. '백 세 시대', 고령 사회로 돌입하고 있는 한국 사회에서 건강은 개인 차원을 넘어 국가적으로도 매우 중요한 과제로 부각되고 있다. 자연과 연계된 일상적 거주 환경은 지속적으로 우리의 건강에 영향을 미친다. 인구 감소와 노령화, 위축 도시 등 이전과는 전혀 다른 상황으로 진입하고 있는 한국 도시는 새로운 패러다임과 진화된 해법을 요구하고 있는 상황이다. 탈산업과 첨단 기술의 시대에 아날로그적 감성과 디지털적 과학을 동시에 아우르는, 자연 치유형 건강 전도사로서 조경가의 역할이 기대된다.

1. T. Hartig, R. Mitchell, S. de Vries, H. Frumkin, "Nature and Health," *Annual Review of Public Health*, 35, 2014, pp.207-228.

2. C. W. Thompson, "Linking Landscape and Health : The Recurring Theme," *Landscape and Urban Planning*, 99, 2011, pp.187-195.

3. Thompson, Ibid.

녹색 비타민:
현대인의 필수 영양소

이주영

디지털 시대의 아날로그 인류

21세기에 접어들면서 삶의 속도는 매우 빨라지고 있다. 정보화 기술은 하루하루가 다르게 진보하고 있고 이에 맞추어 우리도 진보하지 않으면 마치 뒤쳐지는 느낌마저 든다. 기술의 발전은 생활을 더욱 효율적이고 편리하게 만들어준다. 그러나 항상 밝은 면만 있는 것은 아니다. 과거를 되돌아보면 비슷한 경우를 찾을 수 있다. 1980년을 전후하여 개인용 컴퓨터PC가 보급되기 시작한 시기로 거슬러 가보면 흥미로운 사실을 되짚어 볼 수 있다. PC의 보급과 함께 업무의 방식이 바뀌고 일의 효율이 크게 향상되었지만 이러한 변화에 적응하지 못했던 사람들은 이전에 경험하지 못한 극심한 스트레스에 시달려야만 했다. 이를 두고 미국의 심리학자 브로드Craig Brod는 테크노스트레스technostress라고 칭했다.[1] 새로운 기술의 사용으로 생기는 다양한 심리적, 신체적 장애를 일컫는다. 아이러니하게도 40년이 지난 오늘날 우리는 비슷한 현상을 겪고 있다. 바로 스마트폰 중독으로 인한 정신 질환이다. 현대인들에게 있어 스마트폰은 일상생활과 소통을 위한 필수품이 되었다. 손에서 잠시 떨어지기라도 하면 불안해지고 많이 쓸수록 우울해진다. 문명의 이기利器라고는 하지만 그 대가가 너무나 크다. 최근에 많은 연구가 스마트폰의 위험성에 대해 경종을 울리고 있는 실정을 감안해 보면, 우리는 분명 디지털 중심의 생활 방식을 다시 생각해 보아야 할 것이다.

정신 질환의 온상, 도시

생활 방식의 변화로 인해 우울증과 불안장애, 공황장애와 같은 정신 질환을 호소하는 사람들이 늘어나고 있다. 이는 우리나라만의 현상이 아니다. 세계보건기구WHO에서는 2019년도에 정신 보건을 위한 특별 계획Special Initiative을 발족하였다. 그만큼 현대인들의 정신 건강이 위험한 수준에 이르렀다는 뜻이다. 놀라운 사실은, 우리가 무의식중에 느끼는 불안감이 인공화된 도시 환경과 밀접한 관련이 있다는 것이다. 우리가 바라보고 사는 일상의 풍경은 우리의 정신과 심리 상태에 큰 영향을 미친다. 대뇌 속에는 편도체Amygdala라는 부위가 있는데, 독일의 뇌신경학 연구에 따르면 우리가 바라보는 경관의 종류에 따라 이 부위의 활성 정도가 변한다고 한다.[2] 녹색의 자연 경관을 바라볼 때에는 활성도가 낮아지고 회색빛 도시 경관에서는 활성도가 높아진다. 편도체는 공포와 같은 부정적 정서를 처리하는 영역으로서, 도시에서 생활하는 현대인은 무의식적으로 불안과

그림 1. 도시의 녹지

공포를 느끼며 살아갈 수밖에 없음을 시사한다. 이외에도 환경심리학 분야의 많은 연구는, 도시의 풍경이 사람의 기분과 감정에 얼마나 부정적인 영향을 미치는지에 대해 분명하게 보여주고 있다. 이 때문에 많은 과학자들은 현대 도시를 정신 질환의 온상이라고까지 부르고 있다.

진화의 시계를 되돌려보자

이쯤 되면 우리가 살아가는 환경에 대해 진지하게 생각해볼 필요가 있다. 근본적인 해결법이 없는 이러한 문제에 대해 우리는 어떠한 대안을 제시할 수 있을까? 우리는 이 문제의 답을 찾기 위해 과거로 거슬러 올라가고자 한다. 대략 600만 년 정도. 그렇다, 인류의 원점에서부터 우리가 살아온 환경을 되짚어 보고 우리가 진정 행복해지기 위해서는 어떤 환경 속에서 살아야 할까에 대해 고민해 보고자 한다. 이러한 접근은 사실 진화심리학이나 인류학을 연구하는 학자들에게는 익숙한 접근법이다. 인류의 과학 기술이 아무리 발달하고 고도로 집적화된 도시 환경에 적응한다고 하더라도 생물로서 지니는 인간의 본능적 혹은 유전적 특성은 단시간에 바뀌지 않는다. 도시는 현재의 우리에겐 아주 익숙한 공간처럼 여겨지지만 인류가 살아온 역사에서 보면 아주 낯선 환경이다.[3] 인류의 진화 시계를 24시간으로 보면 현대 도시가 형성된 건 겨우 3.6초 전이다. 인류가 적응하기엔 너무나도 짧은 시간이다. 그렇다면 나머지 대부분의 시간을 보낸 환경에 우리는 훨씬 익숙해져 있을 것이다. 그것이 바로 녹색의 자연 환경이다. 다행히도 오늘날 인류는 '녹색 자연'이 주는 놀라운 혜택에 새롭게 눈을 뜨고 있다.

왜 자연이 좋은가

1984년 사이언스지Science[4]에 발표된 울리히Roger S. Ulrich의 연구는 녹색 자연이 수술 후 환자의 건강 회복에 어떠한 영향을 미치는지에 대한 큰 통찰을 제공하였다.[5] 이 연구를 계기로 환경심리학에서는 경관, 좀 더 엄밀히 말하자면 녹색 경관의 가치에 눈을 돌리게 되었다. 다양한 심리 설문지나 심층 인터뷰 또는 행태 관찰 등의 심리학적 연구 기법을 도입함으로써 사람들이 녹색 자연에 어떻게 반응하는지를 조사하기 시작한 것이다. 이 시기를 전후하여 많은 연구 성과와 새로운 이론이 발표되기 시작하였는데, 대표적으로 바이오필리아 가설Biophilia hypothesis[6]과 주의 회복 이론Attention restoration theory,[7] 스트레스 저감 이론Stress reduction theory[8] 등이 이에 해당한다.

이들 이론을 쉽게 요약하면, 사람은 생물학적 본능에 의해 녹색 자연에 끌리게 되며 정신적 피로감이나 스트레스를 느낄 때 자연을 접하면 쉽게 회복이 된다는 것이다. 이들 이론은 오늘날 꽤나 높은 신뢰를 얻고 있다. 당시만 하더라도 이러한 이론을 뒷받침하는 근거들은 대부분 심리학적 기법을 활용한 연구 결과였다. 노출된 환경에 따라 기분이나 감정 등의 심리 상태가 미묘하게 바뀌는데 이러한 정서적 변화를 정량화함으로써 마음의 변화를 수치화한 것이다. 이 방법은 긴장감, 불안감, 우울감, 활기, 자아존중감 등과 같은 다양한 인간 심리가 환경에 따라 어떻게 영향을 받고 변화하는지 쉽게 파악할 수 있다는 장점이 있다. 그럼에도 불구하고 이러한 방법론은 내재적 한계를 지니고 있다. 연구 대상자의 자의적인 평가에 연구 결과를 의존할 수밖에 없기 때문에 객관성이 부족할 수 있다.

객관성은 연구 결과의 신뢰도를 확보하는데 있어 매우 중요한 요소다. 그렇다면 이러한 방법론적 한계를 극복하고 이론의 유효성을 뒷받침하기 위해서는 어떤 접근이 필요할까? 사람의 주관적 판단에 의하기보다는 객관적이고 정량적으로 측정 가능한 신체의 변화를 알아보는 방법이 대안이 될 수 있다. 왜냐하면 사람이 오감을 통해 외부 환경을 인지하게 되면 심리 상태가 변화하고 이로 인해 인체 내부의 다양한 활동인 중추 신경 활동, 자율 신경 활동, 내분비 활동 등이 함께 반응하기 때문이다. 다행히도 근래의 생체 측정 기술의 발달은 이러한 다양한 신체 반응을 비교적 간편하고 정확하게 분석할 수 있게 해 주었다. 21세기를 전후하여 이러한 생리학적 접근법이 도입되면서 그동안 우리의 궁금증(왜 자연이 좋은가)이 상당 부분 해소됨과 동시에 우리가 생각지도 못했던 효과들이 속속들이 밝혀지고 있다.

그림 2. 인간은 본능적으로 녹색 자연에 이끌린다.

녹색을 과학하다

그럼, 녹색 자연에 있을 때와 회색 도시에 있을 때 우리의 몸은 어떻게 달라질까? 우선 환경을 인지하는 데에 중추적 기능을 수행하는 대뇌의 변화를 보면 흥미롭다. 녹색 자연 속에서 전두엽을 중심으로 한 대뇌 피질 전반에서 혈류량이 서서히 감소하는 경향이 나타나는데,[9] 이는 긴장 속에서 살아가는 현대인들의 뇌 피로 해소에 녹색 자연이 도움이 된다는 것을 보여준다. 녹색 자연은 심혈관계 반응에도 의외로 큰 영향을 미친다. 긴장과 스트레스로 인한 혈압 상승을 막아주며 부교감 신경 활동을 활성화하고 교감 신경 활동을 억제함으로써 자율 신경계의 안정을 도와준다.[10] 환경에 따른 신체적 스트레스 반응은 호르몬 분비에서도 나타난다. 스트레스를 받으면 분비가 촉진되는 코티솔의 변화를 분석해보면 녹색 자연에서는 낮아지고

그림 3. 회색 도시 속 녹색 자연은 인간에게 정신적, 생체적으로 긍정적인 영향을 미친다.

회색 도시에서는 증가하는 현상이 뚜렷하게 나타난다.[11] 스트레스는 면역력 저하와 질병 발생과 높은 연관성이 있으므로, 녹색 자연 속에서 우리 몸의 스트레스를 풀고 긴장을 이완하게 되면 건강을 증진시키는 데 도움이 된다. 이뿐만 아니라 감염이나 질병으로부터 인체의 건강을 지키는 면역 체계에도 긍정적인 효과가 나타난다. 녹색 숲에서 2~3일간 체류하게 되면 면역 세포의 일종인 NK세포의 수와 활성도가 유의하게 증가한다.[12] 이러한 일련의 연구들은 우리가 그동안 객관적으로 미처 확인하지 못했던 녹색 자연의 효능을 다시금 깨닫게 해주는 촉매제가 되고 있다.

숲과 공원과 같은 다양한 녹지 공간이 치유의 공간으로 발돋움하고 있다. 더 나아가 최근에는 특정 질환이나 증상의 완화를 위해 녹색 자연을 어떻게 활용할지에 대한 구체적 연구도 진행되고 있다. 그야말로 '녹색 처방전'의 등장이 머지않았다. 이제 어메니티를 뛰어넘어 보건과 복지의 영역에서 녹색 자연의 새로운 역할이 기대되고 있다. 우리 사회는 전례없이 빠른 속도로 바뀌고 있고 여러 가지 문제가 우리에게 당면해 있다. 그러다 보니 복잡다단하게 얽힌 문제를 해결하기 위해 서로 다른 분야의 학문들이 손을 잡고 새로운 해결책을 찾기 위해 노력하고 있다. 조경도 다양한 학문 분야와 융합하여 녹지의 새로운 가치와 역할을 끊임없이 모색해야 할 것이다. 정보화와 도시화라는 거대한 물결 속에서 녹색 자연이 인류의 건강과 행복을 위한 비타민이 되기를 기대해 본다.

1. C. Brod, "Technostress: The Human Cost of the Computer Revolution," *Addison-Wesley; Reading*, 1984.

2. F. Lederbogen et al., "City Living and Urban Upbringing Affect Neural Social Stress Processing in Humans," *Nature*, 474(7352), 2011, pp.498–501.

3. J. Lee et al., "Nature Therapy and Preventive Medicine," *Public Health–Social and Behavioral Health*, Ed: Maddock, J., Intech Online Publisher: Rijeka, 2012, pp.325–350.

4. 미국과학진흥회에서 발간하는 과학저널로서 140년의 역사를 가진 세계 최고 권위의 학술지

5. R.S. Ulrich, "View Through a Window May Influence Recovery from Surgery," *Science*, 224(4647), 1984, pp.420–421.

6. E.O. Wilson, "Biophilia: The Human Bond with Other Species," *Harvard University Press: Cambridge*, 1984.

7. R. Kaplan, S. Kaplan, "The Experience of Nature: A Psychological Perspective," *NY: Cambridge University Press*, 1989.

8. R. S. Ulrich et al., "Stress Recovery During Exposure to Natural and Urban Environments," *J. Environ. Psychol.* 11(3), 1991, pp.201–230.

9. A. Suda, J. Lee, E. Fujii, "Experimental Study on Cerebral Hemodynamics during Observation of Plants," *J. Landsc. Archit. Asia* 3, 2007, pp.214-219.M. Igarashi et al., "Effects of Stimulation by Three-Dimensional Natural Images on Prefrontal Cortex and Autonomic Nerve Activity: A Comparison with Stimulation Using Two-Dimensional Images," *Cogn. Processing*, 15(4), 2014, pp.551–557.J. Lee, "Experimental Study on The Health Benefits of Garden Landscape," *Int. J. Environ. Res. Public Health*, 14(7), 2017, p.829.

10. J. Lee et al., "Effect of Forest Bathing on Physiological and Psychological Responses in Young Japanese Male Subjects," *Public Health*, 125(2), 2011, pp.93–100. J. Lee et al., "Influence of Forest Therapy on Cardiovascular Relaxation in Young Adults," *Evid.-Based Complement. Altern. Med.*, 2014, 2014, pp.1-7. J. Lee et al., "Acute Effects of Exposure

to a Traditional Rural Environment on Urban Dwellers: A Crossover Field Study in Terraced Farmland," *Int. J. Environ. Res. Public Health*, 12(5), 2015, pp.1874–1893.

11. J. Lee et al., "Restorative Effects of Viewing Real Forest Landscapes: Based on a Comparison with Urban Landscapes," *Scand. J. Forest Res.*, 24(3), 2009, pp.227-234.J. Lee, et al., 2015, Ibid.H. Kobayasi et al., "Population-Based Study on the Effect of a Forest Environment on Salivary Cortisol Concentration," *Int. J. Environ. Res. Public Health*, 14(8), 2017, p.931.

12. Q. Li et al., "Forest Bathing Enhances Human Natural Killer Activity and Expression of Anti-Cancer Proteins," *Int. J. Immunopathol and Pharmacol*, 20(2), 2007, pp.3–8.

정서적 쉼의 장:
팬데믹 시대와 거리두기

김무한

"(시민 1) 대중교통 이용이 꺼려진다."

"(시민 2) 마스크를 쓰고 이웃 주민과 눈인사 정도만 하는 것은 이제 배려다."

"(시민 3) 모르는 사람이 스쳐 지나가는 것도 이제 두렵다."

"(상인 1) 북적이던 외국인 관광객이 눈에 띄게 줄어들어 어려운 상황이다. 하지만 한편으로 다행이란 생각도 들고…."

"(외국인 관광객 1) 미룰 수 없어 어쩔 수 없이 왔지만 차가운 시선이 느껴진다."

팬데믹 시대

위의 가상 인터뷰 내용처럼 이제 누구나 이러한 상황이 당연하게 인식되는 시대에 살고 있다. 특히, 이전에 누렸던 혜택과는 비교할 수 없는 수준으로 물리적, 정서적으로 제한되는 시대가 되었다. 하지만 동시에 가까운 환경 안에서 일상의 소중함을 일깨우는 기회가 되기도 한다.

팬데믹 시대 정서적 쉼의 공간들에 대해 그 근본적인 내용을 살펴본다면 우리 주변의 환경을 새롭게 이해하고 감상할 수 있는 기회가 될 것이다.

벗어남과 쉼의 장

현대인은 종종 '바쁜 일상'에서 '벗어나being away 어디론가'로 가길 원한다. 여기서 그 '바쁜 일상'이 있는 공간과 '벗어나 어디론가'라는 두 개의 공간이 확인된다. 첫 번째 공간은 노력과 집중이 요구되는 공간이고, 두 번째 공간은 쉼과 편안함이 제공되는 공간이다. 즉, 두 공간은 무언가를 하는 동안 크고 작은 스트레스가 발생되는 공간과 거기서 벗어나 '쉼'을 위한 '장場, setting'이 되는 공간이다.

'쉼을 위한 장'은 병원과 같은 치료의 공간과는 차이점이 있다. 어떤 병명이 진단된 이후 그 병을 치료하기 위한 공간은 여전히 스트레스가 발생하는 상황이 될 수 있다. 쉼을 위한 장은 분명 의료 행위가 발생하는 공간과는 거리가 있으나 개선된 어떤 상태를 지향한다는 부분에서 공통점이 있기도 하다. 즉 쉼을 위한 장은 바쁜 일상의 공간과 치료의 공간 사이 어딘가에 위치한 개념으로 볼 수 있다.

정서의 쉼이 발생하는 장은 누군가의 쉼을 위해 만들어진 공간이거나 혹은 자연 환경에서 스스로 정한 어떤 경계 안의 공간이 되기도 한다. 과거부터 많은 사람들은 심신의 안정을 찾기 위해 자연 속에 자신만의 영역을 설정하고 그곳에서 시간을 보내거나, 자연 요소를 가져와 자신만의 공간을 만들어내곤 했다. 그 쉼의 장은 정서적 안정을 취하기 위해 일상과 멀리 떨어져 거리감이 존재하는 공간이었고, 때론 가까운 곳에 만들어진 공간이기도 했다. 그리고 현대에 와서는 보편적 혜택을 제공하는 공간이기도 하다.

원거리 쉼의 장

로마 시대 법조인이자 문학가인 플리니우스Gaius Plinius Caecilius Secundus (61~112)는 서기 100년 험난하고 바쁜 로마 도심에서 떠나 투스카니 교외 지역에서 정서의 쉼을 누렸다. 그의 쉼의 장은 바쁜 로마 중심에서 직선거리로 29㎞ 정도 떨어진 교외 지역이었다. 그에게 있어 29㎞ 거리 유지는 쉼의 장으로써 필요한 거리였을 것이다.

　과거 국내에서도 자신의 현실에서 벗어나 쉼의 장을 만들었던 예를 찾아 볼 수 있다. 고산 윤선도는 4번의 조선조 최대의 전란, 3번에 걸친 18년의 유배 생활, 20~30대 젊은 시절 양모와 생모 그리고 생부를 여의고 이후 인생의 여러 굴곡을 겪은 인물이다. 그가 왜 보길도와 수정동, 금쇄동에 걸친 여러 쉼의 장을 만들었는지는 그가 겪은 이러한 사건만 나열해도 쉽게 이해할 수 있다.[1] 그가 본가인 녹우당에서 1시간 30분 정도 걸리는 수정동과, 2시간 걸리는 금쇄동으로 벗어나곤 했던 것은 그 역시 일상의 무언가에서 벗어나 정서적인 안정을 위한 공간이 필요했기 때문이다(그림 1).[2]

근거리 쉼의 장

이전 시대에서도 멀리 벗어나기 어려운 경우 이용한 나름의 좋은 대안들을

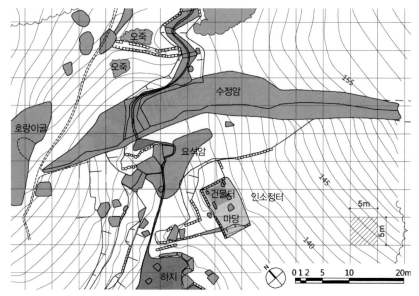

그림 1. 고산 윤선도의 쉼의 장 측량 도면(©김무한·성종상)

찾아볼 수 있다. 극단적으로 단절된 환경에서 지냈던 중세 수도사의 정원Cloister과 18세기 부요한 귀족들의 영국 풍경식 정원이 그것이다.[3]

중세 암흑기 세상과 거리를 두고 은둔 생활을 한 수도사들에게 수도원의 정원은 중요한 쉼의 공간이었다. 1260년 신학자이자, 성인으로 불리는 보나벤투라Bonaventure는 정서적 쉼의 공간으로 수도원의 뜰에 있는 정원을 애용하였다. 그는 그의 글에서 그곳을 질병에서 회복하고, 건강을 유지하며, 피로를 푸는 정신적, 육체적 쉼의 공간으로 묘사하였다(그림 2).

영국 풍경식 정원은 흔히 목가적인 전원 풍경을 누리는 한적한 쉼의 공간으로 묘사된다. 풍경식 정원을 향유하는 사람들은 자신의 쉼의 물리적 경계를 설정하고, 그 안의 자연 요소들과 일부 인공적인 요소들을 자신의

그림 2. 영국 라콕 수도원(Lacock Abbey, ⓒ김무한)

주거지와 인접하게 배치해 과거 어느 시대의 사람들보다 더 적극적으로 쉼의 공간을 들여놓았다.[4](그림 3)

보편적 쉼의 장

원거리와 근거리에서 쉽게 쉼의 장을 누릴 수 없는 사람을 위해 보편적 쉼의 장이 요구된다. 뉴욕의 센트럴파크Central Park는 영국 풍경식 정원을 모티브로 조성된 미국 최초의 보편적 혜택이 제공된 도심의 쉼의 장(면적 3.14㎢)이다. 누구나 쉽게 접근할 수 있고 자연을 체험할 수 있는 곳으로, 일상에서 쉽게 벗어나 이용할 수 있다. 이러한 예시는 이후 전 세계에서 관찰 가능하고,

우리가 사는 사회에서도 곳곳에서 쉽게 접할 수 있다. 국내의 경우 도시공원 조성 면적이 최근 10년 동안 3,000% 이상 증가했다.[5] 이제는 곳곳에서 보편적 혜택으로 도심의 쉼의 장인 공원을 이용할 수 있게 됐다.

팬데믹 시대 정서의 쉼의 장

팬데믹 시대 몇 가지 크게 변한 통계 중 해외 관광을 떠나는 내국인 수의 감소와 도시공원 이용자 수의 증가를 확인할 수 있다. 해외여행자 수가 최근 10년 500% 이상 증가했다가 2020년 코로나19 감염 확산으로 급감했다.[6] 하지만 국내 공원 이용률은 오히려 크게 증가했음을 확인할 수 있다. 구글의

그림 3. 영국 스투어헤드가든(Stourhead Garden, ©김무한)

이동 추이 분석 결과에 따르면 2020년 10월 27일 기준 국내 가장 많은 이용 증가를 보인 곳은 공원이다.[7] 팬데믹 시대 쉼의 장인 공원은 오히려 더 큰 보편적 혜택을 제공하고 있는 것으로 확인되므로, 그 가치에 대해 다시 조명할 필요가 있다. 팬데믹 시대 많은 사람이 멀리 있는 국립공원이나 자연 속 정박지를 찾고 있다. 그럴 수 없는 경우에는 도시공원을 이용한다. 왜 많은 사람이 이전과 다른 새로운 문화 행태를 보이는가? 우리는 그 이유에 대해 그들이 찾는 공간의 속성을 살펴봄으로써 답을 찾을 수 있다. 또한,

표 1. 정서적 쉼의 장의 8가지 요소[8]

8가지 요소	설명
1) 고요함	평화, 고요, 돌봄을 상징. 바람, 물, 새, 곤충의 소리와 잡초, 쓰레기 없이 잘 관리가 되고, 안전하며, 다른 사람의 방해가 없고, 평화롭고 쉼이 있는 공간.
2) 자연	야생 자연 요소로 매력이 있음. 오래된 길, 이끼가 낀 바위, 자연스럽게 자란 수목. 인위적이지 않음.
3) 풍부한 종 다양성	다양한 식물들을 포함한 여러 종species을 위한 공간.
4) 독립된 공간	다른 세계에 들어온 듯한 느낌을 주는 공간 연출.
5) 조망	머물고 싶은 녹지와 조망이 되는 개방된 공간.
6) 안락함	위요圍繞된 공간 연출로 휴식을 취할 수 있는 안락한 공간.
7) 만남	가까운 사람들과 만나 시간을 보낼 수 있는 사회 활동의 장소.
8) 문화	사람들의 가치, 신념, 노력, 시간의 흔적이 포함된 매력적인 장소.

그림 4. 영국 하이드 파크(Hyde Park)

그 답을 상고함으로써 앞으로의 우리 사회가 대응하고 준비해야 할 내용을 살펴볼 수 있다.

다음의 8가지 속성이 있는 공간에서 사람들은 정서의 쉼을 얻는다. 1)고요함, 2)자연, 3)풍부한 종 다양성, 4)독립된 공간, 5)조망, 6)안락함, 7)누군가를 만날 수 있는 장소, 8)문화적 가치 공유를 들 수 있다.(표 1 참조) 로마의 플리니우스, 고산 윤선도, 중세 수도사, 영국 18세기 귀족, 그리고 19세기 뉴욕의 시민 모두 이상의 속성이 있는 쉼의 장을 찾았고 그 안에서 정서의 쉼을 누렸다. 현재의 팬데믹 상황과 앞으로의 불확실한 환경에서 우리가 대응해야 할 내용은 무엇일까? 앞서 언급한 8가지 속성을 중심으로 몇 가지 제안해 본다. 1)고요함serene은 우리가 이용하는 공원과 도시 속

그린green에서 지켜야 할 하나의 공원 '에티켓'이었으면 한다. 누군가의 쉼을 위해 떠들썩한 소리는 스스로 자제했으면 한다. 2)벌과 나비와 같은 자연, 그리고 이들과 함께 만들어내는 3)풍부한 종 다양성은 공원이 추구해야 할 목표였으면 한다. 도시와 자연이 공존할 수 있는 중요한 핵심 자산으로써 자연으로 향하는 공원의 목표는 더욱 강화됐으면 한다. 4)독립된 공간outdoor room과 5)조망prospect, 6)안락함refuge을 제공하는 공간 요소는 공원의 멋을 만들어내는 중요한 디자인 언어였으면 한다. 이러한 디자인 언어가 중요한 설계 방향으로 제안되고 조성되어 많은 사람들이 공원을 찾고 쉼을 얻었으면 한다. 그랬을 때 공원을 통해 7)다양한 사람들이 공존하며 새로운 8)문화적 가치를 공유함으로써 지금 우리가 처한 팬데믹을 극복할 수 있는 쉼의 장이자, 미래 사회로 나아갈 수 있는 힘을 얻는 '장'이 될 것으로 본다. 우리 사회의 공원이 로마의 플리니우스와 고산 윤선도가 쉼을 얻을 수 있는 곳이었으면 한다. 또한, 중세 수도사와 영국 귀족도 쉼을 얻을 수 있었으면 한다. 더 나아가 보편적 혜택을 제공하는 쉼의 장으로 누구나 이용할 수 있으며, 불확실한 미래 사회에 탄력적으로 대응할 수 있는 곳이었으면 한다.

---

1. 성종상, 『고산 윤선도 원림을 읽다』, 나무도시, 2010, pp.18-22.

2. 김무한·성종상, "고산 윤선도 수정동 정원유적 정비에 관한 연구," 『한국전통조경학회지』, 33(2), 2015, pp.12-20.

3. C. W. Thompson, "Linking Landscape and Health: The Recurring Theme," *Landscape and Urban Planning*, 99(3-4), 2011, pp.187-195.

4. 영국의 풍경식 정원에 대한 이론서를 기술한 프라이스(Sir Uvedale Price)는 자연적인 경관의 중요성을 강조하며 자연과의 교감을 중요시 여긴다. 그 근간에는 정서적 쉼의 장의 의의가 스트레스 저감이나 정신적 휴식이라는 인식이 있는 것으로 보인다. 자연과의 교감은 정서적 쉼의 장의 중요한 기능이다.

5. 이-나라지표, https://www.index.go.kr.

6. "한국관광공사, 2020년 6월 한국관광통계 공표," 티티엘뉴스, 2020년 8월 10일 수정, http://www.ttlnews.com/article/travel_report/8599.

7. "구글 코로나19 지역사회 이동 보고서: 대한민국 2020년 10월 27일," 구글 통계, 2020년 10월 27일 수정, https://www.gstatic.com/covid19/mobility/2020-10-27_KR_Mobility_Report_ko.pdf.

8. P. Grahn et al., "Using Affordances as a Health-promoting Tool in a Therapeutic Garden," *Innovative Approaches to Researching Landscape and Health*, 1(5), 2010, pp.116-154.

정원 대담:
우리 시대 한국인의 삶과 정원

정영선 + 성종상

왜 정원인가, 정원은 도대체 무엇이며 어떤 효용이 있는가

<u>성종상</u>(이하 성): 코로나19라는 예기치 못했던 바이러스가 온 세상을 시끄럽게 하고 있습니다. 얼마 전에는 확진 받은 지인과 식사를 한 바람에 2주간 격리 생활이라는 난생 첫 경험까지 겪었네요. 모든 것이 빠르게 바뀌는 광속의 시대에 겹친 팬데믹에 일상의 소중함을 새삼 실감하게 된 셈입니다. 다른 그 어느 때보다도 건강에 대한 관심도 높아진 상황입니다. 이런 상황에서 한국 조경의 선구자이시며 산증인이신 정영선 선생님과 정원에 대한 생각을 나눠 보고자 합니다. 왜 지금 이 시점에 정원을 호출하려는가? 아무래도 그 답은 우리가 살고 있는 시대적 상황과 그 속에서 기대되는 정원의 본질적 효용이나 가치에서 찾아야 할 것 같네요.

정영선(이하 정): 불쑥 화두로 꺼내신 '왜 정원이냐'라는 이 질문은 참으로 새삼스러우면서도 또 한편으로는 참으로 늦은 논의 아닌 논의입니다. 아담과 이브 이래 인간은 끝없이 낙원에 대한 갈망을 가졌었고 실제로 낙원을 만들기 위해, 필요한 나무를 구하기 위해 전쟁도 불사했지요. 즉 정원은 늘 인간 삶의 한 단면이었는데 새삼스럽게 오늘 이 시점에서 '왜,' '무엇이기에?'라고 되짚어 본다는 것 자체가 그만큼 우리가 정원을 까마득히 잃어버렸고, 또 잊어버린 채 살고 있는 것이 아닌가라는 반성을 해보게 되네요.

성: 네, 동감입니다. 우리가 정원을 지금 이야기하고 싶은 까닭은 그것의 의미와 효용이 새삼 너무 소중하고 아쉽기 때문이 아닌가 하네요. 인류 문명사만큼이나 오랜 역사를 갖고 있는 정원은 우리 인간의 삶에 깊이, 그리고 밀접히 관련된 장입니다. 단순히 아름다운 꽃과 나무가 있어서 보기에 좋고 휴식이 있는 장 이상의 의미를 갖고 있는 곳이지요. 심미나 위락, 휴식을 넘어 정원은 인간의 이상과 신념이 표상된 장이고, 예술과 도덕, 그리고 윤리를 기르고 실천하는 장이기도 합니다. 최근 와서는 치유와 회복, 보살핌과 나눔, 그리고 참여와 소통의 가치에서도 주목받는 곳이 정원이기도 합니다. 정원의 다양한 효용의 밑바탕에는 자연의 생명력이나 아름다움, 그리고 섭리와 같은 커다란 가치가 깔려 있다고 봐야겠지요. 동시대 우리 삶의 문화와 환경상의 문제적 상황들이 정원을 불러내도록 하는 게 아닌가 합니다.

정: 그렇지요. 너무나 열악해진 환경 탓이겠지만 인간이 지구라는 땅을 밟고 살면서 그 땅, 그 물속에 살아가는 모든 생명체들에 대한 인간 중심, 우월감,

그림 1. 서울대 치유의 정원. 개교 이래 처음으로 개최된 서울대 건강 주간 행사(2013년 9월)에 필자(성종상)와 연구생들이 함께 만든, 치유 개념의 전시형 정원이다(ⓒ성종상).

욕심, 과도한 개발, 남획 등등 일일이 그 예를 들지 않아도 될 요인들이 쌓이고 쌓여 오늘 우리 앞에 전 지구적 재앙을 불러 일으키고 있지요. 지구를 신이 창조한 경이로운 정원이라고 한다면 인간은 각자 자기의 삶터를 정원처럼 대할 수 있어요. 지구의 신비로운 생명력, 아름다움을 지속적으로 지키기 위해, 마을, 농촌, 도시 하나하나를 정원처럼 가꾸고 쓰다듬고 매만져야 되겠지요.

성 교수께서 조목조목 지적하신 것처럼 정원은 신념, 이상의 표상이면서 치유와 회복의 장이고 자연을 보살피는 장이고, 소통과 나눔의 장이겠지요.

한국 조경의 새로운 지평

저는 정원이라는 것을 인간이 인간답게 살면서 잠시 빌려 쓰는 땅에 대한 "헌사"라고 생각합니다. 정원, 아니 우리 삶의 기본적인 "터"로서의 대지(흙)는 존중하고 보살펴야 하는 곳이기에 그 보살핌 자체가 곧 정원적 삶의 태도가 아닐까요?

정원은 과연 어떤 면모를 가져야 할까

성: '정원은 땅에 대한 인간의 헌사이다.' 참 멋진 말씀이시네요. 그런 정원이 과연 우리 삶의 공간 속에서는 어떤 면모를 가질 수 있을까요? 단순히 개인 차원만이 아니라 공공과 사회에도 기여하는 바가 있어야 할 텐데요.

그림 2. 정원은 땅에 대한 인간의 헌사이다. 그런 마음으로 정영선 선생은 양평 자택 정원 구석구석을 몸소 다듬었다(ⓒ정영선).

정: '정원'이라면 개인의 정원이 먼저 떠오를 것입니다. 저는, 조경의 영역에서 좀 더 섬세하게, 좀 더 아름답게 공간을 만들면서 공원이나 다른 공공장소들이 정원적인 터치가 강한 그런 공간이 되어야 한다고 주장합니다. 그곳이 병원이든, 기업 연수원이든, 회사든, 유치원이든, 가로변 녹지든, 아니면 수없이 많은 관공서들이든 말이지요. 병원에서는 위로받을 수 있고 치유될 수 있어야겠고, 학교는 덩그런 운동장 하나만 있는 공간이 아니라 텃밭이 꽃밭과 어우러져 있어 학생들이 실습하고 체험하면서 가장 오랜 시간 지내는 교정에서 자연과 가까워지도록 유도해야겠지요. 겨우 걸음마를

그림 3. 정영선 선생의 양평 자택 정원. 다정한 산세 끝에 터를 잡아 주위 산과 정원이 하나인 듯 통합되어 보인다(ⓒ정영선).

하는 내 어린 손자가 부삽을 들고 돌맹이를 만지고, 꽃을 쓰다듬는 것을 보면, 우리 아이들이 한 살이라도 더 어릴 때에 접하게 해야 하는 게 아닌가 생각합니다.

지금 우리 시대에 정원을 되살려 내야 하는 까닭은

성: 옳은 말씀이십니다. 저는 지금이 우리 한국 사회에 정원이 매우 필요한 시점이라고 생각합니다. 갈등과 혐오, 그리고 그로 인한 상처가 만연한 우리 사회에서 각자 내면을 다스리고 다른 이와의 만남과 보살핌, 그리고 나눔을 통해 소통하고 화해하는 데에 정원이 정말로 중요한 역할을 할 것이라는 거지요. 정원이 갖는 그 같은 정신적, 사회적 효용은 현재 수많은 연구와 논문들이 다양한 방식으로 입증해주고 있습니다.

처칠, 헤세, 괴테, 제퍼슨 등과 같은 역사 속의 인물들은 정원을 삶의 중요한 장으로 잘 활용했는데, 그들은 한결같이 어릴 때 정원 경험의 중요성을 강조했지요. 유사한 면모는 퇴계 이황, 고산 윤선도, 다산 정약용, 양산보 등에게서도 발견할 수 있습니다. 미국 미셸 오바마 여사가 백악관에서 지낼 때 백악관 텃밭White House Garden에 각별한 관심과 정성을 들였던 것이나, 영국 찰스 황태자가 정원 일gardening이 자신 및 가족, 그리고 국가와 지구를 위해 매우 중요하다고 주장하며 평생 실천해 오고 있는 것도 같은 맥락에서 설명이 됩니다. 말하자면 정원은 개인의 심신은 물론 사회, 국가적으로도 관계와 건강 회복을 위한 촉매제인 셈이지요.

정: 그래요. 정원이 갖는 그 같은 효용을 생각하면 우리 사회는 정원을

그림 4. 차트웰(Chartwell)에 처칠이 딸을 위해 몸소 만든 작은 놀이집 Marycot. "인간이 집을 만들지만, 집이 다시 인간을 만든다"라고 말하면서 환경을 중시했던 처칠은 자신의 집 차트웰을 정서적 유대감과 가족애의 산실로 간주하며 평생 사랑하고 아꼈다(ⓒ성종상).

하루라도 빨리 되살려 내어야 합니다. 식물을 모른다고, 꽃을 모른다고 주춤거리며 물러설 때가 아닙니다. 후세를 위해 좋은 삶터, 건강한 터를 만드는 일에 우물거릴 때가 아닙니다. 예쁘고 울긋불긋한 식물로 채워진 손바닥만한 정원이든, 큰 정원이든, 규모의 문제가 아닙니다. 어려운 살림살이가 엿보이지만 이런저런 분에 담긴 채소며 꽃들이 있는 골목에는 삶이 보입니다. 값비싼 재료를 들여 어마어마한 크기로 지은 ○○아파트의

한국 조경의 새로운 지평

입구 대문과 담에 햇빛도 사양하듯 울창한 큰 나무로 과시적인 치장을 하여 섬처럼 갇힌 아파트 문화도 이제 달라져야 합니다.

성: 정말로 중요한 지적이십니다. 정원 일이 우리에게 자연의 소중함을 재확인시켜주고 생명의 존엄성과 다양성을 일깨워준다는 것은 익히 잘 알고 있는 내용일 것입니다. 정원에서 흙과 생명체를 보살피면서 우리 안에 잠자고 있는 인간성까지도 되살려 낼 수가 있는 것이지요. 그런 점에서 저는 정원 일이 독서와 같지 않을까 생각합니다. 흙과 식물로 읽는 자연 공부, 자연 배우기이지요. 그것도 인터넷과 핸드폰이 일상을 지배하는 우리 삶에서

그림 5. 발길 닿는 계단 디딤돌만 남긴 채 빈 땅을 가득 채운 채송화가 인상적인 전남 강진군 성전면의 한 민가 정원. 긴 인생의 여정 끝에 어느 사이 가족을 모두 떠나보내고 혼자 남아 집을 지키며 가꾸는 노인의 곱고 정갈한 마음씨가 잘 드러나 있는 듯하다(ⓒ성종상).

온몸과 마음으로. 디지털이 아날로그를, 사이버가 리얼리티를 대체하는 시대에 정원은 세상 속에서 '나'가 '진짜 자연'을 실감하며 만날 수 있는 마지막 보루가 될 수도 있을 듯합니다.

정원을 만들고 가꾸며 정원문화를 확산시키는 데에 조경가의 역할은

성: 코로나19 팬데믹으로 불가피하게 사회적 거리가 강요되고 비대면이 스킨쉽을 대신하게 되면서 사람 간의 관계에 대한 염려가 높아지고 있습니다. 그렇잖아도 세대 간, 지역 간, 빈부 간 등의 갈등에다 분노와 혐오, 상처와 트라우마가 만연한 한국 사회에서 갑작스럽게 강요된 비대면이라는 소통 방식이 끼칠 영향에 대한 염려이지요.

이런 상황에서 조경 전문가로서 할 수 있는 일이 무엇일지를 생각해보게 됩니다. 공원 녹지와 정원이라는 조경의 두 핵심 요소는 그럴 때마다 가장 먼저 떠오르는 대상입니다. 둘 다 자연을 핵심으로 삼으면서 '일상' 및 '만남'과 깊이 관련된 공간이 아닌가 합니다. 일상 속에서 다른 존재, 즉 자연과 사람을 만나는 곳이 바로 공원 녹지이고 정원인 것이지요.

코로나19로 인해 조경의 중요성이 더욱 부각된 셈인데 정원문화 확산을 위해 조경가들은 어떤 일을 해야 할까요?

정: 이런 상황에서 조경가들이 해야 될 일은 무엇이겠어요. 쓰레기 사이에 꽃 심는 일보다는 우선 내가 사는 터에서 주변 마을, 도시, 지역으로 범위를 넓혀 차근차근 청소하는 일부터 시작해야 할 것 입니다. 국가 청소일을

주기적으로 정해두는 것도 생각할 수 있겠지요. 농촌의 폐비닐, 어수선한 개인용품들이 길가에 방치된 것, 덤불들을 정리해서, 국토를 정원 가꾸듯 가꾸어 간다면, 우리를 둘러싼 산들과 숲과 하천과 강과 삼면의 바다로 인해, 비록 아파트 밖에 보이지 않는 삶터라 해도 아름다워질 것입니다.

성: 정원문화 확산을 위한 단초를 농촌 폐비닐 청소, 덤불 정리에서부터 찾으시니 흥미롭군요. 물론 공감도 됩니다. 앞에서 말씀하신 '땅에 대한 태도'와도 닿아 있는 가치로서, 조경가라면 명심해야 할 매우 중요한 일이지요. 자연을 바탕이자 주대상으로 삼고서 주변과의 조화로운 관계를 형성하도록 하는 것이 바로 조경의 기본 사명이겠지요. 자연과의 열린 관계를 갖도록 하면서 계획과 설계라는 수법을 통해 땅에다 꿈을 담아내는 작업이 조경입니다. 자연과 생태에 대한 이해, 곧 과학적 지식에다가 공간 디자인이라는 창의적 예술 감각이 통합적으로 요구됩니다. 바로 이 점에서 식물 소재(주로 화훼) 위주의 원예 기법과는 구분되는, 전문직으로서 조경의 역할이 기대되는 것이 아닌가 생각되는군요.

정: 그렇지요. 땅을 잘 읽고 그에 맞게 식물과 다른 정원 요소, 그리고 동선과 공간을 적절히 잘 구성하는 것이 정원 만들기의 핵심이라 할 수 있지요.
　전 세계를 공황 상태로 몰고 온 코로나19는 우리에게 삶에 대한 자세가 달라져야 함을 일깨웁니다. 개발, 또 개발, 정복, 착취에 매달린 인류로 인해 기술과 교통의 발달로 전 지구가 지나치게 평평해지고, 단일화되다시피 하고, 빈곤의 차이가 심화되고, 난개발과 착취로 경작지들이 황폐화되었습니다.

그림 6. 영국 코츠월드 지역의 히드코트(Hidcote) 가든. 건강한 자연 요소로 이뤄진 정원은 생물적 존재인 인간에게 휴식과 안식을 제공한다(ⓒ성종상).

기후가 변하며 지구는 신음했고, 이상 징후는 가속화되고 있습니다. 다 잘 아는 이야기입니다. 중요한 전환점에서 지구인들은 갈팡질팡하고 있습니다. '포스트 코로나 시대'는 달라지는, 달라져야만 하는 삶의 자세를 말합니다. 지혜로운 삶을 말합니다. 정원은 그런 자세와 삶을 위한 아름다운 필수 핵심 무대입니다.

마무리

성: 선생님과 정원 얘기를 나누다보니 마음이 편안해지고 머릿속까지 맑아지는 듯하네요. 아마도 이것이 바로 정원이 갖는 힘이 아닌가 합니다. 한국의 1세대 조경가로서 평생을 꽃과 나무와 흙을 살려 내는 일에 전념해 오셨는데, 끝으로 정원에 관심을 가진 우리 젊은이들에게 한 말씀 들려주시지요.

정: 다시 한 번 강조합니다. 조경은 땅에 쓰는 한편의 시가 될 수 있고, 깊은 울림을 줄 수 있습니다. 하늘의 무지개를 바라보면 가슴이 뛰듯, 우리가 섬세히 손질하고 쓰다듬고 가꾸는 정원들이 모든 이들에게 영감의 원천이 되고 치유와 회복의 순간이 되길 바랍니다. 그리고 실제로 그렇게 되고 있고요. 자연, 국토, 지구를 사랑으로 보존하고, 그곳에 머물고, 머뭇거리며 심호흡하고, 천천히 거닐며 자신을, 세상을, 살아온 세월과 살아갈 세월을 반추해 보며 지낼 수 있는 곳, 정원. 바로 그곳은 나비와 새, 꽃, 바람에 흔들리는 풀, 안개와 구름, 달과 노을, 철 따라 옷을 갈아입는 풀들의 세상이면서 우리에게는 축복의 장이 되고 있지요.

성: 귀한 말씀 감사합니다. 저는 인간으로서 땅을 만진다는 것, 손에 흙을 묻힌다는 것이 각별한 의미가 있다고 믿습니다. 어릴 적에는 뒷동산과 앞 냇가에 뛰놀며 늘 자연과 함께했고, 가족이 함께 가꾼 집 마당가 꽃밭의 추억을 소중하게 갖고 살고 있습니다. 아쉽게도 그런 경험과 기억은 지금 우리 아이들에게는 거의 완전히 단절된 상태지요. 첨단 기기와 물질문명이

그림 7. 개심사 연못의 겨울 풍경(ⓒ성종상)

한국 조경의 새로운 지평

지배하고 있는 한국 사회는 자연도, 정원도 일상에서 너무 멀어져 있는 게 아닌지 염려됩니다. 개발과 건설이 지상 과제처럼 간주되고 그 결과 아파트가 대표적 주거 유형으로 고착되면서 주거 문화에 대한 왜곡, 특히 거주 정체성의 실종 현상도 심각한 수준이라 생각됩니다. 집은 나와 가족의 삶을 담아내고 개성을 표현하는 것과는 무관한 채, 부동산 재테크 대상이라는 인식이 매우 강하게 자리 잡고 있지요. 저는 이런 상황이 지금 우리의 삶을 힘들고 아프게 하는 데 무관하지 않을 거라고 믿습니다. 다행히 최근 들어 우리 사회에 정원에 대한 관심이 높아지고 있는 것이 목격됩니다. 오늘 말씀이 우리 사회에 정원문화의 깊이를 더하는 데, 그리하여 각자 삶의 두께를 두텁게 하는 데에 보탬이 되기를 바랍니다.

동시대 정원의 가치와 미래:
정원가 2인 릴레이 인터뷰

박은영 + 최재혁

"정원의 가치는 정신적인 즐거움, 창조하는 쾌감,
스스로 긍지를 갖는 것"

릴레이 인터뷰①: 유병림 교수

유병림 전 서울대학교 환경대학원 교수를 만나 정원의 가치, 정원 철학,
공공정원, 미래의 정원을 위한 대비 등에 대한 생각을 들어보았다.

Q1. 정원의 가치

<u>인터뷰어</u>(이하 인): 교수님은 현재 아파트의 발코니를 이용한 정원을 조성하여
정원과 함께하는 삶을 살고 계신데, 이전의 삶과 달라진 것은 무엇이고,

그림 1. 유병림 교수 인터뷰 광경

정원의 가치는 무엇이라고 생각하시나요?

유병림(이하 유): 정원과 함께 관조의 생활을 하기 때문에 구체적으로는 정원과 관련된 아름다움을 다시 생각하게 되는 계기가 되었습니다. 과연 내가 아름다움을 이렇게 표현하는 것이 진정 나다운 것이냐하고 되물어봅니다. … 스스로의 미적 세계를 성찰하고 비판하는 것이 일상화되고 있습니다.

유병림 교수는 그전까지의 디자인은 불특정한 다수나 클라이언트를 위한 것이었지만, 자신이 살고 있는 집은 순전히 자기 자신을 위한 것으로, 그 안에서 자신을 발견한다고 했다. 또한 정원에서는 꽃이 일 년 내내 자연의 시간표대로 피기 때문에 자연의 시간표에 순응하는 삶을 살고 있다고도 했다.

유: 정원의 가치는 사람이 사는 데 필요한 다른 여타 도구나 정신적인 소재, 앎의 대상, 즐김의 대상(이 되고), 다시 그걸 자기를 통해서 새로운 정원을 만들고, … (새로운) 정원을 통해서 인정받는 바로 그 가치라고 생각합니다.

또한 정원의 가치를 사회적, 국가적으로 보면 … 문화적인 자산이죠. 문화적인 아이덴티티identity와 독특한 자산으로써의 가치가 있으면 결국 궁극적으로 사회와 국가에 금전적인 가치가 된다고 생각해요.

따라서 정원이 가지는 가치는 생활에서 필수적인 것으로, 인간에게 음식이

그림 2. 유병림 교수 댁(아파트) 정원(ⓒ유병림)

한국 조경의 새로운 지평

그림 3. 유병림 교수 댁 정원. 붉은 색의 꽃이 계속 시선을 연결한다(©유병림).

갖는 가치만큼 의미가 있다고 했다. 정신적인 즐거움, 창조하는 쾌감, 자기 스스로에게 긍지를 갖는 것 등의 정신적인 가치와 실용적인 가치 둘 다 중요하다고 강조했다.

Q2. 정원 철학

인: 정원을 만들 때 많은 것이 중요하겠지만, 그중에서 가장 중요하게 생각하시는 것과 자신만의 정원 철학에 대해 듣고 싶습니다.

유: 정원은 만드는 것이기 때문에 일일이 플러스 마이너스로 논할 수는

없어요. 공간의 형식과 사용하는 소재에 대한 취향 혹은 소재에 대한 자기의 생각, 의도, 그것으로 어떻게 기대 효과를 높이느냐, 이런 것이 결국 판단 요소라고 생각해요. 그것이 중요하죠.

유병림 교수는 덧붙여 조경가에게는 기본적으로 공간을 다룰 수 있는 기술이 있고, 그것은 스케일에 따라서 적절한 밀도나 볼륨을 만들어 내는 기술이기 때문에 다른 분야와는 차이가 난다고 했다. 그리고 조경가는 소재에 대한 공부를 많이 했기 때문에 당연히 정원을 만드는 일에 조경을 한 사람이 유리하다는 의견을 표현했다.

유: 정원을 만들 때 조경가가 유리한 이유는, 조경의 대부분은 계획의 과정이기 때문에 합리적인 판단을 계속해야 하기 때문입니다. 그것이 일단 기본 조건이기 때문에 다른 아마추어나 일반인보다 사전에 미리 ^(합리적인 계획을 세우는) 훈련이 되어서 ^(판단이) 틀리지 않을 가능성이 높은 거죠.

누구도 정원 철학 없이 정원을 만들 수는 없다. 그것이 얼마나 잘 다듬어져 있느냐의 문제라고도 덧붙인 유병림 교수는 작가의 의도를 풍경을 통해 표현하고 서정적 감흥을 강하게 전달하는 것을 중요하게 생각한다고 했다.

유: 거창한 철학보다는 서정성을 강조하고 싶어요. 정원에서 느낄 수 있는 여러 가지 풍경이 있습니다. 시적 감흥을 통해서 대상을 보는 풍경이 있는가 하면, 구성이나 물리적인 아름다움의 배열, 이른바 회화적인 풍경의

아름다움을 통해서 사람이 느끼게 되는 것(도 있죠). … 우리 집 정원에서 서정성을 연출하는 가장 기본적인 것은 '바람'이라고 생각했어요. '흔들림을 보여줘야겠다.' 그걸 서정성을 느끼게 하는 실마리로 시작했어요.

Q3. 공공정원

인: 공공정원public garden의 시대라고 생각합니다. 공공정원의 역할과 기능은 무엇이며, 정원 분야에서 한국성과 지역성locality은 무엇이라고 생각하시나요?

유: 공공정원은 차세대에게 자연스럽게 정원문화를 접할 수 있는 계기를 주는 곳이라고 생각합니다. 그 다음 내용은 다음에 채워지는 것이죠. 정원이라는 새로운 세계를 볼 계기를 만들어 준다는 의의가 있다고 봅니다. 그리고 공공정원에는 공공성이 있어야 합니다. 공공성이라는 것은 보편적인 기준에 맞는다는 뜻이며, 따라서 (공공정원은) 한국의 보편적인 기준에 맞춰야 하는 것이죠.

유병림 교수는 공공정원의 역할은 대중에게 정원문화를 교육시키는 것, 차세대가 흥미와 관심을 가질 계기를 주는 것이라 했다. 정원의 아이덴티티를 '예술 교육'으로 만드는 여정이 필요하며, 조경에서 좋은 정원 예술 교육을 할 수 있다고 했다.

유: 역시 한국적인 정원 공간의 특징, 기본적인 공간의 원형에 대한 현대적인 해석이 필요하며, 기본적인 요소를 가지고 공간을 다양하게 하는 노력을 해야

합니다. 지방에서 연고되는 정원의 문화적인 정체성에서부터 시작해야 해요.

한류 정원의 세계화를 위해서 우리가 가지고 있는 IT의 강점을 살려 디지털라이즈digitalize하는 것이 중요하며 그 속에서 지역적 다양성을 추구하는 것이 저변 확대를 위해 필수적이라고 했다. 특히, 우리나라의 새로운 정원문화에서 선행되어야 하는 부분은 플랜팅 디자인planting design과 소재의 발굴이라고 조언했다.

Q4. 미래의 정원을 위한 대비

인: 정원의 미래를 위해 현시점에 준비해야 할 것은 무엇이라고 생각하시나요?

유: 소재 개발에 국가적으로 투자를 해야 한다고 생각합니다. 이제는 데이터의 처리 기술이 발달했기 때문에 원하는 정보를 쉽게 얻을 수 있어요. 이 데이터베이스를 이용해서 '이 콤비네이션과 이 콤비네이션을 어떻게 연출할 것인가?' 등의 고도의 판단에 시간 투자를 하는 것이 중요하다고 할 수 있죠.

유병림 교수는 소재를 굉장히 다양하게 개발하는 것과 식물 소재에 대한 데이터베이스를 완전히 만드는 것이 선행되어야 한다는 점을 강조했다. 또한, 정원 조성을 위한 기금 마련, 비평 문화 등도 준비해야 할 과제이며, 미래 세대에게 고령화 사회에서 노후의 삶에 정원이라는 것이 얼마나 중요한지 꼭 들려주고 싶다고 했다.

"생태정원은 정원의 미래, 모든 생명체와의 공생을 모색해야"

릴레이 인터뷰②: 김봉찬 대표

그림 4. 김봉찬 대표 인터뷰

김봉찬 더가든 대표를 만나 정원 일gardening의 의미, 정원-자연-예술의 관계, 생태정원이 가지는 의미에 대한 생각을 들어보았다.

Q1. 정원 일의 의미

인터뷰어(이하 인): 대표님을 보면 늘 열정적인 것 같습니다. 정원 일은 대표님에게 어떤 의미인가요?

김봉찬(이하 김): 정원 일을 한다는 것은 '살아 있는 것들'과 같이 살아가는 것이죠. 정원가는 식물을 키우고 관리하고 같이 살아갑니다. 농부라든지 다른 직업도 있겠지만, 약간 다른 목표를 두고 있어요. 정원가는 꽃이 피면 핀 대로, 안 피면 안 핀 대로 즐깁니다. 그런 것을 즐기면서 예술적인 작업도 하고, 디자인하여 공간도 만들어낼 수 있습니다. 이런 직업이 없죠. 그래서 가장 좋은 직업이 아니겠느냐고 생각합니다.

김봉찬 대표에게 정원 일은 식물을 '다룬다'기보다는 '함께 살아가는 일'이다. 식물과 함께 호흡하며 살아가고, 일을 통해 예술적 영감을 받으며, 공간을 창작하는 일이다. 이를 통해 사회에 기여할 뿐만 아니라 지구 생태계에도 이로운 역할을 할 수 있다. 과거 10년간 근무한 여미지식물원을 떠난 뒤에는 자신이 키워낸 식물을 볼 때마다 울컥하는 감정이 들어서 식물원에 잘 발을 들이지 않았다는 그의 설명을 들으면서, 식물을 키우는 그의 진솔한 태도와 정원 일에 대한 애착을 느낄 수 있었다.

Q2. 정원-자연-예술의 관계

<u>인</u>: 조경에서 조경-자연-예술의 관계는 오래된 화두입니다. 정원이라고 다르지 않을 텐데, 정원과 자연, 예술의 관계는 어떻게 바라보고 있으신가요?

<u>김</u>: 정원은 자연 일부를 다시 완성하는 것이죠. 지구의 일부를, 그게 크든 작든 간에 완성하는 거죠. 자연에는 자연의 힘이 있고 그 힘에 따라 질서를 따르게 되어 있죠. 가끔 자연의 아름다움이 뭘까 물어보면, … (예를 들어) 지진이 일어나고 화산이 폭발해요. 그게 언제 아름다워지느냐. 그런 자연이 무너질 게 없을 때, 계속 무너져서 무너질 게 없을 때 그때 식물이 자라나기 시작하고, 그렇죠? 그것이 자연의 아름다움이죠.

그림 5. 베케정원(ⓒ최재혁)

김봉찬 대표가 생각하는 정원이란 결국 자연의 작은 조각이며, 자연과 다름이 없다. 그렇기 때문에 자연이 우리에게 전달하는 아름다움이 곧 정원에 담긴 예술성이 될 수 있다는 설명이다.

김: 자연을 충분히 이해하고 작업을 하면 자연이 하듯이 편안하고 아름다운 정원이 만들어진다고 생각합니다. … 자연의 본질, 힘, 디자인을 이해하면 굉장히 자연스럽고 무한한 공간을 볼 수 있는 힘이 생겨요. '조금 더 본질에 가깝게 생각하는 게 좋겠다.' 이렇게 생각합니다.

자연 속에서 정원의 예술성을 발견하는 이러한 관점은 자연스럽게 그의 정원 작업에 밑거름이 되고 있다. 제주의 한적한 시골 마을 가운데에 위치한 베케정원은 그가 말한 것처럼 긴장감 있으면서도 균형 잡힌 자연의 아름다움을 담고 있다. 돌무더기 사이에 자라나는 다양한 작은 생명은 그 안에서 본연의 아름다움을 뽐내고 있다.

Q3. 생태정원이 가지는 의미

인: 최근 더가든의 작업은 자연주의정원 또는 생태정원으로 불리고 있습니다. 이에 대해 긍정적인 평가가 많으나, 혹자는 정원이 아무리 뛰어나다 해도 자연을 따라가지 못하는데, 자연을 재현하는 방식의 조경(정원) 작업이 조경사적 관점에서 어떤 발전적 의미가 있는지 반문하기도 합니다. 이에 대한 대표님의 생각을 듣고 싶습니다.

김: 저는 생태정원이 나오면서부터 과거의 정원과 생태정원 두 가지로 나뉘었다고 생각합니다. 이제껏 인류는 인류를 위해서만 살았거든요. 그런데 생태정원이 추구하는 건 뭐냐면 인류가 자연을 위해 살자는 거예요. 사람이 지나가는 지렁이 혹은 나비, 새를 위해 어떻게 살 것인가를 왜 고민해요? 근데 그럴 시기가 이제 온 거고, 미래를 위해 생태정원이 중요한 거예요. 이게 그냥 단순히 자연을 모사해서는 만들 수가 없어요. 생태정원은 서식처 기반 관점에서 그들이 사는 세상을 만드는 게 핵심 기술이죠. 그런데 그 기술을 한국은 가지고 있지 않기 때문에 경관적으로만 모사한다고 생각하는 거죠.

생태정원은 인류가 다른 생명과 함께 살아가기 위한 정원을 만든다는 점에서 기존의 정원과는 기조가 다르다는 것이 그의 설명이다. 다만 그것은 자연을, 풍경을 모사하는 작업이 아니라 진정한 의미의 서식처를 조성하는 일이 되어야 하고, 이를 위한 기술이 개발되어야 한다고 말한다.

김: 이 지구상에 서식처를 파괴하는 생물은 유일하게 사람이죠. 우리가
생태계교란종이에요. 그걸 인정해야 해요. 그것을 인지하고, 중지하고,
이 푸른 결이 얼마나 아름다운지 이 푸른 별에서 얼마나 빛나는 생명이
자라나는지 아이들이 보게 하고, 또 우리는 그걸 도와주고 (환경을) 만들어주는
것이 앞으로 조경가가 할 일이라고 생각해요. 물론 그 와중에도 다른
방향으로 작업하시는 분들이 계시죠. 그런데, 그건 (조경의) 일부가 되어야지
앞서 말씀드린 일과 무게를 같게 두면 한국 조경은 발전할 수 없습니다.
도시의 미래는 생태정원에 있다고 단정적으로 생각해야 해요. 많은 조경가가
그걸 생각하고 (그런 태도를) 가져가야 하고, 또 후배들이 나와야 한다고
생각해요.

최근 핑크뮬리의 생태계교란 논란과 오버랩되어 인류가 생태계교란종이라는
그의 일침이 더 따갑게 느껴졌다. 그동안 많은 생명의 생존을 위협해
왔던 인류가 이제는 다른 생물종의 생존권 보호를 위해 그들의 서식처를
적극적으로 마련하고 공생의 공간으로써 생태정원을 조성하자는 그의 주장은
일견에도 설득력 있다. 특히 온실가스 배출 규제, 자연자원총량제 등 지구
환경을 보전하기 위한 다양한 환경 정책이 시대적 이슈가 되는 시점에서
생태정원이 도시의 미래라는 그의 단언도 그리 과장되어 보이지 않는다.

3

과학 기술, 기후 변화
그리고 지속가능성

지속가능성을 위한 조경가의 도전:
생태계 회복력 증진을 위한 계획'

전진형 + 이정아

지속가능성과 회복력 있는 조경 계획

최근 우리 사회는 환경, 경제, 사회, 문화 등 여러 분야에서 우리 삶의 전체를 송두리째 바꾸고 있는 거대한 변화를 복합적으로 경험하고 있다. 특히, 갈수록 예측 불가능하고 거대하며 빈번한 환경 변화의 결정적 원인은 기후 변화라 할 수 있다. 기후 변화는 해수면의 상승, 생태계의 변화, 이상 기후 현상 등 자연재해를 초래하여 환경과 인간의 삶에 직·간접적으로 많은 영향을 주게 되었다.

일례로 1970년대부터 우리나라 여름철 강우 패턴을 살펴보면 1시간 동안 50㎜ 이상 강우는 과거 5.1회 정도였다가 2000년대부터 12.3회로 늘어났다. 이와 같은 국지적 폭우는 2020년 발생했던 폭우로 인한 강남역 침수와 같은 도심 홍수, 2011년 7월 중부 지방 집중 호우로 인한 우면산 인근 산사태 등과 같은 토양 침식, 유역의 유출 특성 변화에 의한 수질 오염 등과 같은 문제를 발생시켜 우리의 일상을 위협하고 있다.[2]

강우 외에도 가뭄, 폭설, 폭염 및 열섬 현상, 연안 침식과 해안선 상승, 미세 먼지 같은 환경적 교란과, 최근 COVID-19 같은 신종 바이러스의 발생과 확산은 사회, 경제, 문화 등 인간 사회의 다차원적 교란의 원인이 되고 있다.

우리는 인간 생태계의 다차원적 교란이 초래되는 과정을 통해 인간과 자연의 상호 작용에 대하여 깊이 고찰할 기회를 가졌다. 일부 과학자들은 예측 불가능한 교란 발생시 다양한 측면에서 발생하는 문제들을 해결하기 위한 노력으로 우리의 환경을 '사회-생태 시스템'으로 이해하기 시작했다.

사회-생태 시스템이란, 인간 사회와 자연 환경을 서로 연결된 하나의 시스템으로 바라보는 시각을 기반으로 한다. 즉, 경제, 사회, 문화 등 여러 분야와 위계로 나뉘어진 '사회 시스템'과 자연 생태계의 여러 위계로 구성된 '생태 시스템'을 유기적이고 복잡한, 하나로 통합된 동태적 시스템으로 이해하는 것을 의미한다(그림 1). 우리는 이러한 사회-생태 시스템이 기후 변화, 자연재해, 경제 불황, 전쟁 등 예측 불가능한 교란에 대응하여 안정적으로 유지되길 원하며, 시스템의 구조와 기능, 정체성을 유지할 수 있는 능력, 즉 회복력resilience[3]을 갖춘 지속 가능한 환경이 되기를 바라고 있다.

그렇다면 어떻게 지속 가능한 환경을 조성하고 유지할 수 있을까? 이에 조경가는 환경의 사회-생태 시스템의 구조와 기능, 정체성을 유지하는 능력인 회복력에 집중하기 시작했다.

지속 가능한 환경의 조건이 되는 회복력이란 무엇일까? 예를 들면, 미국 올림픽 국립공원의 "Life of Tree"라는 별명을 가진 나무는 깊게 패인 구덩이 사이에서 뿌리를 양갈래로 길게 뻗은 제법 안정적인 모습으로 줄기와 뿌리의 형태와 구조 및 영양분을 흡수하는 기능을 유지한 채 서 있다. 이 나무처럼 예측 불가능한 교란(구덩이)에 대응해 안정된 상태를 유지하며, 시스템의 구조와 기능, 정체성을 유지하는 능력을 바로 회복력이라고 한다. 마치 탄성이 있는 용수철이 외부의 힘에 의해 일시적으로 늘어나거나 줄어들어도 다시 원래의 구조와 기능을 되찾아가는 것처럼 말이다.

하지만, 오늘날의 회복력 개념은 단순히 원래대로 돌아오는 능력만을 말하는 것은 아니다. 1970년대 이후 회복력의 개념이 확장되면서 변화 혹은 교란을 사회 – 생태 시스템이 어떻게 다루어야 하는지에 관심이 집중되었다. 특히, 사회 – 생태 시스템의 구조와 다중 스케일, 그리고 관계(생태계 서비스와 지속 가능한 자원 활용)에 대한 논의가 활발하게 이루어졌다. 이러한 논의 과정을 통해 확장된 개념에는 사회 – 생태 시스템을 유지하기 위한 인간 사회의 대응인 "적응력Adaptation"과 지속 가능하지 않은 기존 사회 – 생태 시스템의 구조에서 탈피한 새로운 시스템으로의 전환인 "전환력Transformation"이 추가되었다. 용수철에 빗대어 설명하자면, "적응력"은 용수철에 보조 장치(인간 사회의 대응)를 달아 원래의 용수철의 기능과 구조가 유지되게 하는 능력, "전환력"은 원래의 용수철을 새로운 용수철로 바꾸는 능력을 의미한다고 할 수 있다. "회복력 있는 조경 계획"이란 무엇일까? 이를 설명하기 위한 사례로 중국 진화Jinhua시에 위치한 옌웨이저우Yanweizhou

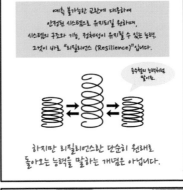

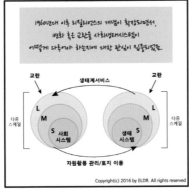

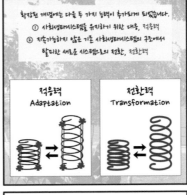

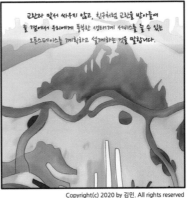

그림 1. 회복력 있는 조경 계획이란(ⓒ김민)

공원을 들 수 있다. 이 공원은 세 개의 강, 진화Jinhua, 이우Yiwu, 우이Wuyi 강이 만나는 곳에 위치한 수변 습지 공원이다. 이 공원은 매년 발생하는 홍수라는 "교란"을 나쁜 현상으로 치부하여 둑을 쌓아 인위적인 구조물을 통해 이를 막으려는 기존의 적대적인 관리 방법에서 탈피하고, "홍수와 친구되기"를 핵심 설계 전략으로 삼았다. 즉, 예기치 못한 범람에도 공원의 기능을 수행하고 평소와는 다른 색다른 경험과 경관을 제공할 수 있는 통합된 사회 – 생태 시스템인 것이다. 이 사례와 같이 "회복력 있는 조경 계획"이란 예기치 못한 교란과 맞서 싸우지 않고, 교란을 친구처럼 받아들여 늘 우리에게 풍부한 생태계 서비스를 줄 수 있는 오픈스페이스를 조성하는 것을 말한다(그림 1).

이처럼 지속 가능한 환경을 조성하고 유지하기 위해 우리는 "회복력 있는 조경 계획"이라는 새로운 분야를 개척하기 시작했다. 지역 생태계의 회복력 있는 사회 – 생태 시스템 유지에 일조함으로써 지역 사회의 건강한 거주 환경을 도모하고 삶의 질 향상을 위해 노력하고 있다.

지속가능성을 위한 조경가의 도전

생태계 회복력 증진을 위한 그린 네트워크 시스템

"회복력 있는 조경 계획"의 개념을 구현하기 위한 하나의 대안은 그린 인프라 계획이다. 그린 인프라 계획은 환경의 생태적, 문화적, 사회적 요소들을 서로 소통하게 하며, 또한 자연자원의 잠재력을 향상시켜 우리에게 생태계 서비스를 제공하는 사회–생태 시스템을 스스로 지속 가능한 친환경적이고 친인간적인 공간으로 발전시킨다. 그린 인프라는 생태계의 녹색 공간을 하나의 시스템으로 연결한 기반 시설로, 자연 생태계 가치와 기능을 보전함으로써 인간 사회에 다양한 혜택, 즉 생태계 서비스를 제공한다. 이러한 그린 인프라를 구축하기 위해서는 수계, 습지, 그리고 산림과 같은 생태적 가치가 높은 공간을 서로 연결하여 그린 네트워크를 형성하는 것이 중요하다.

그린 네트워크는 지역적인 혹은 광역적인 위계에서 지속 가능한 공간 계획을 위하여 경관의 연결성을 유기적으로 향상시키는 방안으로 활용되기 시작한 개념이다. 경관생태학 관점에서 그린 네트워크는 점적인 요소가 될 수 있는 패치, 가장자리와 경계, 선적인 요소인 코리더와 연결성, 면적인 요소인 매트릭스, 모자이크 등 경관 생태계를 구성하는 요소들의 유기적인 연결을 통해 계획된다. 그린 네트워크 계획의 중요한 목적 중 하나는 야생 동식물의 서식 공간을 유기적으로 연결하여 생태적으로 중요한 지역을 보전하고 파편화되어 있는 녹지 및 야생 동식물의 서식 공간을 코리더로 연결하는 물리적인 연결 체계를 조성하는 것이다. 여기에서 보다 발전하면 그린 네트워크 계획을 통해 만들어진 공간은 지역 사회의 커뮤니티 참여 활동 등을 유도하여 인간 사회에 지속 가능한 생태계 서비스를 제공하는 역할을 할 수 있다. 이러한 맥락에서 우리는 그린 네트워크를, 인간 사회에 제공할 수 있는 생태계 서비스를 통해 자연 환경이 유기적으로 연결된 하나의 시스템이라고 이해하여, 일종의 그린 인프라 계획으로 '그린 네트워크 시스템'이 될 수 있도록 발전시키고 있다.

생태계 회복력 증진을 위한 생태 복원

최근 도시 생태계는 집중 호우, 가뭄, 미세 먼지, 열섬 현상 등 사회·생태적 교란이 증가하고, 도시 성장에 따른 공간 변화, 그리고 시민 이용 행태 변화로 인해 기능이 크게 줄어들고 있다. 여기서 말하는 도시 생태계 기능이란 다양한 도시 생태계의 능력을 의미하는데, 야생 동식물이 살아갈 터전을 제공하는 능력(야생 생물 서식 공간 제공 기능), 빗물을 잠깐 머물게 하고 토양에 침투하게 하는 능력(우수 저류 및 침투 기능) 등을 포함한다. 특히, 도시 생태계 회복력 향상을 위한 생태 복원 전략으로 도시 내 우수 관리, 홍수 조절, 정화, 그리고 옥상녹화를 통한 에너지 절약 등과 같은 기능을 도시 생태계에 부여하는 방안이 있다. 이러한 생태 복원 전략은 회복력 있는 조경 계획의 일환으로 지속 가능한 그린 인프라 계획을 통해 실현되고 있다. 여기에서 잠깐, 잠일초등학교 옥상정원 사례(그림 2)를 한번 살펴보자.

서울시 잠일초등학교의 옥상정원은 기존의 옥상녹화 방법과는 차별화된 방식으로 조성된 인공 습지로, 무토양 저관리형 인공 습지 조성을 위한 신기술을 도입했다. 이곳은 조름나물, 낙지다리 등을 포함한 멸종 위기 식물을 식재하여 생물의 종 다양성 증진을 기대할 수 있는 공간이다. 여기에 도입한 멸종 위기 식물들은 수질 정화에도 효과적이며 녹조 제어 등 생태적 기능성을 향상시키는 역할을 한다. 또한, 이곳은 주변 도시 생태계를 이어주는 징검다리 비오톱 역할을 할 뿐만 아니라 학생들을 위한 생태 교육의 장소로 습지와 식물에 대한 생태적 인식과 가치를 심어줄 수 있는 그린 인프라이다. 이곳 잠일초등학교 옥상정원은 자연 생태계에 한정된 생태 복원 기술이 아니라 인간 사회와 경제 활성화를 포함한 사회 – 생태 시스템 관점의 생태 복원 기술의 첫걸음으로 의미가 깊다.

그림 2. 잠일초등학교 옥상녹화

- 설계 총괄: 전진형(고려대학교 환경생태공학부 교수)
- 시공·식재 계획: (주)한국도시녹화, 김재근(서울대학교 생물교육과 교수)
- 발주: 서울특별시 송파구청
- 위치: 서울특별시 송파구 올림픽로 95 잠일초등학교 옥상
- 조경 면적: 226㎡(인공습지 47.12㎡)
- 완공: 2014년 7월 21일
- 지원 사업: 환경부 차세대 에코이노베이션 기술 개발사업
- 과제명: 습지 생태계 조성 및 자연 생태 회복 기술 개발

조경의 미개척 분야, 해안 그린 인프라 계획

2009년 개봉한 영화 '해운대.' 이 영화에서는 부산 앞바다에서 일어난 지진 해일로 해운대 일대가 엄청난 피해를 입는다는 상황을 설정하고 있다. 지진 해일이 해운대를 덮치는 순간 모든 시민이 우왕좌왕하면서 대피하는

그림 3. 잠일초등학교 옥상에 조성된 인공 습지

모습이 가장 인상 깊다. 부산 해운대는 특히 방파제의 높이가 다른 지역보다 현저히 낮을 뿐만 아니라 지형이 매우 복잡하고 많은 사람이 모여 살고 있는 지역이기 때문에, 만약 영화 해운대에서와 같은 지진 해일이 실제로 발생한다면 아마도 영화와 같은 장면이 그대로 연출되지 않을까 하는 우려가 깊다.

만약 이런 경우를 대비한다면 조경가로서 할 수 있는 역할은 뭘까? 예를 들면, 부산 해운대의 기존 녹지 체계를 대피로와 연계하여 통합된 그린 인프라 계획을 통해 시민들의 안전을 도모할 수 있을 것이다. 회복력 있는 커뮤니티를 위한 그린 인프라를 제안하기 위하여 해운대의 도시 생태 네트워크를 먼저 구축하고, 사람들이 가장 많이 몰리는 대피 시작점starting points for evacuation부터 방재 공원까지의 최단 거리 대피로 네트워크를 도출할 수 있다(그림 4).[4] 그런 다음 도출된 도시 생태 네트워크와 대피로 네트워크를 바탕으로, 그린 인프라의 구성 요소인 허브hub와 코리더corridor에 대한 계획 및 설계 전략을 수립할 수 있다. 이와 같은 과정으로 제안할 수 있는 해운대의 새로운 그린 인프라 네트워크는 지진, 해일로부터 시민들이 빠르게 대피할 수 있게 도와줄 것이며, 평소에는 삶의 질을 향상시킬 수 있는 하이브리드 녹지 공간을 제공할 수 있을 것이다. 이뿐만 아니라 해수면 상승 등으로 인해 끊임없이 변화하는 지역 생태계의 안전성과 지속가능성을 유지·개선하는 하나의 시스템을 구축할 수 있는 코디네이터 역할도 가능하다.

지속가능성을 위한 조경가의 도전은 인간과 자연이 하나의 사회-생태 시스템으로 공존할 수 있도록 다양한 공간에서 발생하는 환경 현안 문제와 그로 인한 사회적 영향을 현명하게 해결할 수 있는 회복 탄력적 대안을

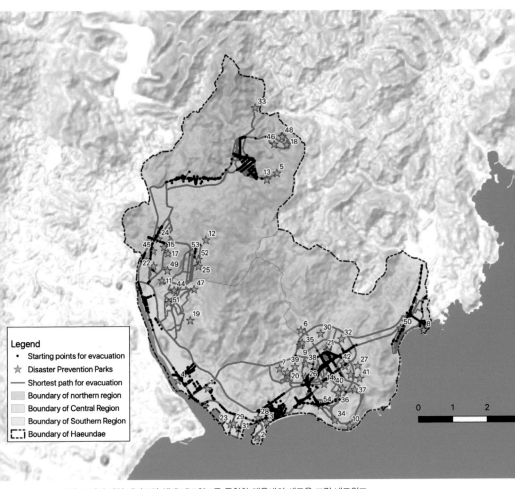

그림 4. 지진 해일 대피로와 생태 네트워크를 통합한 해운대의 새로운 그린 네트워크

제시하는 데 있다. 특히 기후 변화 적응을 위한 다양한 해법들을 모색하며
지속가능 발전 목표SDGs 달성을 위해 조경의 지평을 확장하는데 관심과
노력을 집중할 때이다.

한국 조경의 새로운 지평 ─────

1. 이 글은 고려대학교 생태조경연구실과 건국대학교 생태그린인프라연구실에서 지속가능성과
    조경가의 역할에 대해 정기적으로 진행한 세미나 내용을 요약하여 작성되었다.

2. 『2018 재해연보』, 행정안전부 복구지원과, 2019.

3. 회복력이란, 생태학자인 홀링(C. S. Holling)이 1973년 "생태계의 리질리언스와
    평형(Resilience & Stability of Ecological System)"에서 최초로 사용한 개념으로 변화나
    교란을 흡수하는 생태계의 수용력이라 정의하고 있으며, 생태학뿐만 아니라 많은 분야에서
    회복력, 탄성, 탄력, 적응력, 회복 탄력성 등으로 다양하게 해석하며 발전시키고 있는
    개념이다.

4. Daeyoung Jeong et al., "Planning a Green Infrastructure Network to Integrate Potential
    Evacuation Routes and the Urban Green Space in a Coastal City: The Case Study of
    Haeundae District," *Science of The Total Environment*, 2020.

과학과 기술의 최전선에 선 조경:
센싱, 빅데이터, 인공 지능

류영렬

2008년 여름, 캘리포니아주립대 버클리 캠퍼스의 파란 하늘을 만끽하고 있었다. 박사 과정 3년 차로 넘어가는 시점에서, 졸업에 대한 준비도 박차를 가해야 하는 평온과 긴장이 공존하던 시점이었다. 전년도에 미항공우주국NASA(이하 나사) 장학생으로 선정되었는데, 제안서는 우주 위성을 이용하여 전 지구의 광합성과 증발산을 모니터링한다는 내용이었다. 당시 책상 위에는 PC 한 대가 덩그러니 있었는데 하드드라이브 용량이 0.5TB였다. 과제를 성공적으로 마무리 지은 후에 알게 된 숫자들은 다음과 같다. 64TB의 자료를 나사에서 다운로드 받았고, 9.4PB[1]의 자료가 버추얼 머신virtual machine들을 거쳐 다녔으며 총 250개의 CPU가 사용되었다. 무모하고 용감한 제안서였던 셈이다.

클라우드 컴퓨팅. 요즘은 흔한 용어지만 2008년만 해도 매우 생소한 용어였다. 마이크로소프트 리서치Microsoft Research의 한 매니저가 나의 지도 교수님 오피스 문을 두드리면서 마이크로소프트 애저Microsoft Azure(마이크로소프트의 클라우드 컴퓨팅 서비스)에 대해 이야기를 나눴고 지도 교수님은 PC 한 대로 고군분투하던 나를 소개해 주셨다. 마이크로소프트의 지원하에[2] 컴퓨터 과학자들과 협력하며 나의 연구는 순식간에 날개를 달게 되었고 위에 언급한 빅데이터(그 당시에 PB는 상상하기 어려운 단위였다) 처리 및 분석이 가능해졌다. 결과물은 마이크로소프트 리서치의 성공 과제로 선정되었고, 저명 학술지들에 실렸으며, 이때 개발한 광합성과 증발산 알고리즘은 현재 나사의 에코스트레스NASA ECOSTRESS 인공위성과 일본 우주항공연구개발기구JAXA의 GCOM-C "Shikisai"Grobal Change Observation Mission-Climate "Shikisai" 인공위성의 공식 알고리즘으로 채택되어 전 지구를 누비고 있다. 탁월한 과학과 새로운 기술이 만났을 때의 시너지 효과를 체험한 첫 경험이었다.

2018년 여름, 10년이 지난 후 스탠포드 캠퍼스에서 연구년을 만끽하고 있었다. 버클리에서 한 시간 정도 떨어진 곳에 있는 실리콘 밸리의 심장부다. 캠퍼스 내 쇼핑몰에 있는 테슬라 매장에서 무료 시승 서비스를 제공한다는 소식을 듣고 얼른 예약을 했다. 온 가족을 테슬라 Model X에 태우고 101 고속 도로에서 오토 파일럿 기능을 켜고 주행했다. 이런, 운전자가 할 일이 별로 없었다! 기술의 발전이 벌써 여기까지 오다니. 기술의 핵심은 차량에 설치된 여러 대의 카메라에서 촬영되는 이미지들을 빅데이터로 구축하고, 이를 신경망neural network 기술의 입력 자료로 활용하여 주변 물체들을 실시간 탐지 및 자동 분류하는 것이다. 기계 학습 특성상 자료가 쌓일수록 정확도가 더 높아지는 셈이다.

2019년 여름, 실리콘 밸리를 다시 방문했다. 초소형 위성 자료를 이용한 ARDAnalysis Ready Data 워크숍이었다. 우주 위성 산업도 새로운 패러다임을 맞고 있다. 기존 우주 위성 산업의 난제 중 하나인 발사체 재활용이 스페이스엑스SpaceX사에 의해 가능해짐에 따라 우주로 위성을 보내는 비용이 크게 줄었다. 한편, 초소형 위성 기술 개발이 발전함에 따라 주먹 크기만한 큐브로 구성된 인공위성인 큐브샛CubeSat³도 대중화되고 있다. 기존의 우주 위성 산업은 고가의 위성 한 대를 띄우는데 주력했다면, 최근 추세는 저가의 큐브샛 수백 대를 띄우는 것이다. 장점은 어마어마하다. 한 예로, 샌프란시스코에 위치한 플래닛랩스Planet Labs사는 100여 대의 큐브샛 우주 위성군을 이용해 전 지구를 일 단위로 3m 이상의 해상도로 보는 서비스를 제공하고 있다. 2008년 박사과정 때 개발했던 시스템은 전 지구, 8일 간격 1㎞ 해상도였다. 10여 년 사이 목격한 기술의 발달은 경이롭다.

위의 사례들이 조경과 무관한가? 전혀 그렇지 않다. 한 사례를 들어보자. 우리 연구실에서 진행 중인 한 과제는 수원시의 모든 나무의 위치, 수종, 구조, 기능을 실시간 모니터링하는 작업을 진행중이다. 수원시에 총 몇 그루의 나무가 있는지 상상이 되는가? 만 그루? 십만 그루? 백만 그루? 셀 수는 있는 것일까? 개별목 단위로 건강도를 어떻게 탐지할까? 그것도 매일매일?

해법은 센싱과 인공 지능에 있다. 차량에 모바일 라이다LiDAR(Light Detection and Ranging),⁴ 카메라, GPS/IMU가 결합된 시스템을 장착하여 도로를 달리며 가로수 빅데이터를 구축하고 있다(그림 1). 이 시스템은 자율 자동차의 핵심 요소이기도 하다. 수원시에서만 이미 수백 킬로미터를 주행했다. 라이다를 통해 개별 수목들의 위치를 센티미터 수준의 정확도로 포착하며, 이미지와 기계 학습을 결합하여 수종을 탐지한다. 한편 차량 접근이 어려운 도시공원이나 도시숲의 경우는 다른 전략이 필요했다. 이 경우는 드론이다. 초분광카메라를 탑재한 드론을 이용해 개별 수목들의 구조와 건강도를 탐지한다. 여기에는 현장에서 관측한 수많은 잎 샘플 자료와 기계 학습을 결합하는 과정이 포함된다. 여전히 도시 규모에서 모든 나무를 다 탐지하기는 빈 구멍이 많다. 우주 위성이 나설 차례이다. 최근 플래닛랩스에서는 1.5m 해상도의 일 단위, 다중 채널 위성 영상을 제공한다. 1.5m 해상도면 개별 수목을 탐지할 만하다. 차량과 드론에서 구축된 빅데이터가 있기에 검보정

그림 1. 차량용 모바일 라이다와 카메라 융합 시스템. 좌측 상단: 시스템 개요. 좌측 하단: 카메라와 16 채널 라이다의 중첩. 우측 상단: 주행 중 탐지된 라이다 점군 자료. 우측 하단: 라이다 점군 자료와 카메라 이미지의 융합(자료 처리: Vaibhav Lodhi)

그림 2. 테슬라 자율 주행 비디오. 주변 차량과 보행자가 자동 분류되는 모습. 우리의 관심은 그 밖의 것들, 식생, 건물, 도시의 구조다.

자료는 이미 충분히 확보된 셈이다. 일 단위로 도시 규모 내 모든 개별 수목의 구조와 기능을 모니터링하는 일은 이제 현실로 다가왔다.

　더 상상력을 발휘해보자. 위 차량 시스템에 열화상 카메라를 장착한다면? 도시 가로의 열 환경 탐지가 가능할 것이다. 도시 규모에서 가로의 열 환경에 대한 모니터링은 전무한 실정이다. 위에서는 차량 한 대를 이용했다. 향후 쿠팡과 같은 물류 회사의 트럭, 혹은 전국을 누비는 우체국 차량에 시스템을 탑재한다면? 자율 주행 자동차에서 쏟아져 나올 라이다와 이미지 자료를 활용한다면? 구글, 다음, 네이버 등에서 구축 중인 스트리트뷰 이미지는 어떠한가. 빅데이터로 확장될 가능성은 무궁무진하다. 그림 2[5]는 테슬라 차량에 탑재된 카메라로부터 실시간으로 탐지되는 주변 사물들이다. 보다시피, 사람과 자동차가 탐지 및 분류의 핵심이고 그 밖의 것들은 관심

대상이 아니다. 우리가 주목할 것은, 그 밖의 것들이다. 그린 인프라(수목, 관목 등)와 그레이 인프라(건물, 가로등, 볼라드 등)가 자동으로 탐지되고, 빅데이터로 구축되며, 실시간으로 업데이트된다. 현실 공간을 3차원 탐지를 통해 가상의 공간으로 재구성하는 데 현실과 가상의 경계는 모호하다. 현실과 혼재된 가상 공간에서 가로수를 모두 뽑고 다른 수종으로 심을 수도 있고 포장재를 바꿔볼 수도 있고 증강 현실과 결합할 수도 있다. 조경 관리, 계획, 설계가 데이터 기반으로 진행되는 시대다.

큐브샛은 이미 천 개 이상이 성공적으로 발사되었다. 그림 3[6]은 현재 저궤도에 위치한 위성들을 나타낸다. 이 위성들을 하나의 시스템으로 엮게 되는 세상은 어떤 모습일까? 아마도 전 지구를 수십 센티미터 해상도로 매시간 (혹은 매분!) 보는 시대가 도래할 것이다. 우리 연구실에서는 큐브샛의 분광계 특성을 일관성 있게 맞추는 작업을 진행중이다. 큐브샛이 제공하는 초고해상도 정보는 특히 도시의 그린 인프라를 모니터링하는 데 유용하다. 내가 2000년대에 진행했던 광합성과 증발산에 대한 연구도 새로운 국면을

그림 3. 지구의 저궤도에 있는 위성들. 저 자료가 하나의 시스템으로 결합되는 세상은 어떤 모습일까.

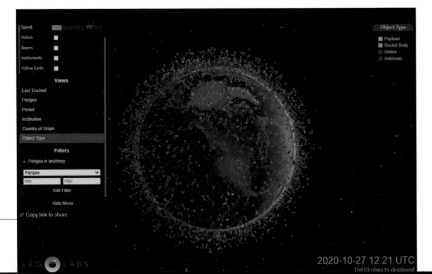

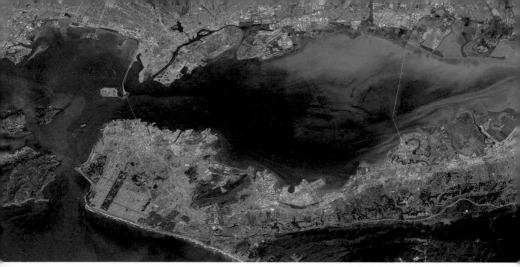

그림 4. 샌프란시스코 만. 국제우주정거장에서 근무하는 우주인 제프 윌리엄스가 트위터에 올린 사진. 우리는 우주인과도 실시간으로 소통하는 초연결망 시대에 살고 있다.

맞이하고 있다. 당시 위성의 시공간 해상도가 낮았기 때문에 복잡다단한 경관으로 조직된 도시는 탐지할 방법이 없어서 값을 비워뒀다. 이제는 큐브샛 등 초고해상도 위성 영상들이 흔한 시대가 되어, 도시의 탄소와 물 순환도 우주에서 모니터링이 가능하게 되었다. 도시의 탄소 정책, 기후 변화 대응 및 적응, 도시 수자원 관리 등 활용 범위는 무궁무진하다.

조경의 범주가 당연히 도시에 국한될 필요는 없다. 조경은 경관을 다루는 실천 학문으로 그 시공간 규모는 지질학적 연대기로부터 전 지구 규모까지 다 포함할 수 있다. 그림 4는 많은 추억이 담긴 샌프란시스코 만이다. 이 사진을 누가 촬영했는지 아는가? 우주인이다. 국제우주정거장에서 일하는 우주인 제프 윌리엄스Jeff Williams가 아름다운 경관을 놓치지 않고 사진을 촬영한 후에 트위터에 올렸고 나는 하트를 눌렀다. 초연결망 시대, 이제 우리는 우주인과도 실시간 소통하는 시대에 살고 있다. 경관을 크게 바라보자. 전 지구다. 기술의 발달로 전 지구를 현미경으로 바라보는 세상이 온 것이다.

한국 조경의 새로운 지평

대한민국에도 새로운 기회들이 몰려오고 있다. 산림청과 농진청의 농림위성이 수년 내 발사를 앞두고 있다. 국토교통부의 국토관측전용위성도 마찬가지다. 한국항공우주연구원에서 초소형 위성군 사업도 진행중이다. 도시, 농업, 산림을 아우르는 빅데이터들은 전례 없는 규모와 해상도의 경관 정보들을 제공할 것이다. 이 빅데이터를 처리하기 위해서는 클라우드 컴퓨팅이 핵심이며, 빅데이터를 분석하기 위해서는 인공 지능을 다뤄야 한다. 조경이 하는 일이다.

---

1. 페타바이트. 1PB=1,000TB=1,000,000GB. 2020년에 출시된 갤럭시 노트10의 메모리가 256GB이다.

2. 당시 애저에서 마이크로소프트의 검색 엔진인 빙(Bing)에 이어 두 번째로 많은 리소스를 사용했다.

3. $10 \times 10 \times 10$cm로 구성된 하나의 유닛을 여러 개 결합한 형태의 인공위성. 유닛 하나당 무게는 1.3kg 이하이다. 일반적으로 1, 2, 3, 6 유닛으로 구성되며 총 무게는 10kg 미만이다.

4. 특정 파장의 레이저를 송출하고, 반사된 레이저를 탐지하며 그 시간 차이를 이용하여 대상의 정확한 위치를 탐지한다.

5. "Autopilot Full Self-Driving Hardware(Neighborhood Short)," https://vimeo.com/192179726.

6. "Low Earth Orbit Visualization," *LeoLabs Platform for Operators and Developers*, 2020년 10월 27일 저장. https://platform.leolabs.space/visualization.

7. "San Francisco Bay," 제프 윌리엄스 트위터, 2016년 9월 3일 작성. https://twitter.com/Astro_Jeff/status/771747128418963456.

기후 위기 시대의 조경:
데이터 기반 그린 인프라 발전 방향

김태한

코로나19로 인한 사회 변화와 데이터 산업

COVID-19 팬데믹은 사회 전역에 외상 후 스트레스 장애Post-traumatic Stress Disorder를 일으키며, 사용자의 가치 사슬customer value chain이 경제적 효율성에서 보건 안전성에 집중되는 디커플링decoupling 현상을 확산시키고 있다. 점차 높아지는 생태 환경 서비스에 대한 국민의 요구도 이러한 사회적 변화와 같은 맥락에서 이해할 수 있다. 폭염, 홍수, 미세 먼지 등의 기후 변화 재해 취약성을 개선할 수 있는 그린 인프라는 지방 거주민과 저소득층에게도 보편적으로 제공할 수 있는 대표적인 그린 복지이다. 따라서, 생태 환경 서비스의 수준을 높이고 기후 변화 재해에 의한 도시 취약성을 개선할 수 있는 그린 인프라는 우선적으로 고려해야 할 산업 분야로 이해할 수 있다.

4차 산업 혁명 시대의 산업은 디지털 트랜스포메이션digital transformation이라는 정의하에 더욱 빠르게 변화하고 있다. 이러한 변화는 비즈니스 모델을 완전히 혁신하거나 급진적 파괴를 통해 이루어진다고 생각하기 쉽지만, 아마존, 넷플릭스 등의 성공적인 사례에서 찾아볼 수 있듯이 "사용자 중심 전략 user centered strategy"에서 시작되곤 한다. 여기서 "사용자 중심 전략"이란, 실제로 고객의 통점pain point를 파악하여 대응할 수 있는 디지털 플랫폼 기반의 비즈니스 전략을 의미한다. 전통적인 유통 사업에서 아마존은 "소비자 편의성"이라는 통점을 발견하고, 이를 해결할 수 있는 표준화된 서버와 플랫폼을 기반으로 하는 전자 상거래 모델을 제시했다. 이러한 새로운 사업 기회를 통해 성장한 아마존은 현재 시가 총액 세계 1, 2위를 다투는 기업으로, 산업의 판도를 뒤집었다.

또한, 코로나19로 인해 비대면un-tact 환경이 강조되면서, 소비자의 통점은 경쟁력을 좌우하는 중요한 요소가 되고 있다. 인공 지능AI, 모바일, 클라우드와 같은 디지털 기술의 확산으로, 잠재적인 소비자의 통점을 데이터로 해석할 수 있는 환경이 제공된 것이다. 부와 권력의 원천인 데이터를 누가 소유하는지에 따라 정치, 경제, 사회의 지형이 변화할 것이라는 역사학자 유발 노아 하라리Yuval Noah Harari의 예견과 같이 경제의 중심이 점차 데이터 기반 산업으로 변화하고 있는 것이다.

그린 인프라가 포함된 국내 환경산업 연간 시장 규모는 2014년 98.08조 원에서 2018년 99.70조 원으로 완만한 성장세에 머무르고 있다. 지난 5년간 2016년도를 제외하고 1% 내외의 변화를 기록하면서, 평균 0.4%의 성장에 그친 것이다. 반면, 2018년 국내 데이터 산업 시장 규모는 15조 1,545억 원으

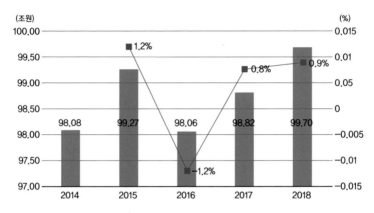

그림 1. 연도별 국내 환경산업 시장 규모 변화(2014~2018)[2]

로 전년 대비 5.6%의 성장률을 기록했다. 관련 시장은 2015년부터 2018년까지 연평균 4.3% 성장하고 있는데, 2024년에는 23조 원을 넘어서면서 2018년부터 2024년까지 연평균 7.3%의 성장이 예상된다. 특히, 데이터 산업과 일반 산업을 포함하는 전 산업군에 종사하는 데이터 직무 인력 수는 매해 증가했다. 2019년 총 13만 833명으로 2018년 대비 11.1% 순증했는데, 이중 데이터 솔루션 부문은 2018년 대비 16.7%의 높은 직무 인력 수 증가율을 보였다.[1]

데이터 분석과 구축을 위한 빅데이터 처리에는 전통적인 통계, 기계 학습 등의 전문화된 학습 과정을 이수한 데이터 전문가가 필요한데, 데이터를 분석하는 운영 관리자, 애널리스트와 같은 전문 인력이 더욱 부족해지고 있다. 2018년 미국의 경우, 고도화된 데이터 분석 역량을 보유한 전문 인력의 공급

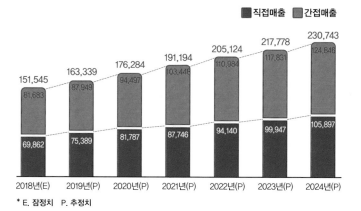

그림 2. 2018(E)~2024(P) 데이터 산업 시장 전망(단위: 억원)[3]

은 수요 대비 50~60%에 머무르는 수준이다. 향후 데이터 분석가와 관리자의 수요가 지속적으로 증가할 것으로 예측하지만 그에 반해 전문 인력은 충분하게 공급하지 못하는 것이다.[4] 이러한 데이터 전문 인력 수급 문제는 환경산업에도 영향을 미쳐 미국, 영국, 호주 등지에서는 대학원 정규 과정으로 환경과학 부문에 IT 기술을 융합한 교육 과정이 개설되고 있으며, 환경산업 고도화를 위해 전문 인력 양성에 노력을 기울이는 상황이다.

이와 같이 그린 인프라를 포함한 전통적인 환경산업의 성장이 둔화되고 있는 반면, 데이터 산업은 급격하게 성장하고 있다. 따라서, 그린 인프라 산업의 지속적인 발전을 위해 녹색 복원 기반의 데이터 역량을 강화하고, 데이터 산업에 적응할 수 있는 전문 인력을 양성하는 그린 인프라 부문의 산업적 성장 비전이 필요한 시점이다.

데이터로 보는 기후 위기 시대

그린 인프라의 생태적 기능과 작용을 살펴보면, 광합성, 증발산, 그리고 대기와 수자원 간의 물질 교환을 통한 균형과 자정 효과로 정리할 수 있다. 개발 행위와 무분별한 도시화로 인한 환경 오염원의 증가는 이러한 물질과 에너지의 흐름을 교란하여 기존 기후 패턴을 빠르게 변화시키고 있다. 물, 대기, 에너지로 구분된 물질 순환의 이해는 그린 인프라의 건전한 발전을 위한 우선적인 개념으로, 이를 구체적으로 해석하고, 수치화하는 것은 환경산업을 데이터 산업과 연계하는 중요한 요소가 된다.

우리는 매년 기후 변화로 인한 다양한 유형의 재해를 겪으며 기후 위기 시대를 맞이하고 있다. 2020년 8월 8일 광주에서 발생한 시간당 82㎜의 국지성 호우는 큰 인명 피해와 재산 피해를 가져왔다. 이보다 앞선 8월 1일 서울에서도 시간당 60㎜의 집중 강우가 발생해, 강남역이 2010년과 2011년에 이어 또다시 침수 피해를 입었다. 기후 변화가 기존의 장마 패턴을 국지성 집중 호우로 변화시키고, 기상청의 예·특보도 예측에서 벗어나면서 피해가 더욱 가중되고 있다. 특히, 도심 내 저지대 또는 지하 차도와 같이 배수 관망 부하로 인해 도시 홍수 취약성이 높은 지역에서는 인명 피해도 빈번하게 일어나고 있다.

그리고 세계보건기구WHO의 1군 발암 물질로 지정된 미세 먼지도 중요한 기후 변화 재해로 인식되고 있다. 과다한 화석 연료 사용으로 중국에서 유입되는 월경성 오염 물질과 국내에서 발생되는 입자상, 가스상 오염 물질이 주요 원인이다. 2018년 1월 한 달 동안의 전국의 주의보와 경보를 살펴보면, 미세 먼지PM10는 36회, 초미세 먼지PM2.5는 81회 발령되었다. 초미세 먼지는 전년도 발령 횟수 대비 68.8% 증가한 수치다.[5] 초미세 먼지로 분류되는 PM2.5의 농도가 개선되지 않은 여러 원인 중, 가스상 전구물질에 의한 2차 생성 기작이 중요한 요인으로 지목되고 있다. 수도권에서는 이렇게 생성되는 2차 미세 먼지 비중이 전체 PM2.5 발생량의 2/3를 차지할 정도로 초미세 먼지가 점차 증가하는 추세이다.[6]

한편, 기후 변화는 에너지 체계에도 적지 않은 영향을 주고 있다. 정부는 지속 가능한 에너지 생산 구조를 정착시키기 위해 재생 에너지 발전 용량을 2019년 기준 12.7GW에서 2025년 42.7GW로 확대하는 정책을 추진 중이다. 태양광 발전은 정부의 대표적인 재생 에너지 정책의 하나로써 산림을 활용한 산지 태양광 발전소도 발전 용량 확대 방안 중 하나였다. 산지 태양광 발전소의 증가세는 2018년 허가 건수 2,443㏊를 정점으로 감소하는 추세지만, 2017년부터 추진된 산지 태양광 발전 시설을 위해 전국 임야 총 232만 그루의 수목이 벌목된 것으로 집계되었다. 이러한 산림 훼손은 2020년 8월에 발생한 집중 강우로 12개소의 산지 태양광 발전 시설이 시공된 지역에 산사태가 일어나면서, 사방 안정성까지 문제가 되고 있다.

국지성 집중 호우와 그린 인프라

2020년 8월의 강남역 침수는 국지성 집중 호우와 저지대라는 지리적 특성이 발생 원인으로 지목되고 있다. 침수 당시 시간당 강우는 63㎜로 단순 수치로 보면 배수관망 부하를 유발하기에는 부족한 수준이다. 하지만 기후 변화는 강우 패턴에도 영향을 미쳐, 당시 강남역에 9분 동안 집중된 18.5㎜를 시간 단위로 환산하면 시간당 111㎜의 폭우가 된다. 순간적으로 급증한 빗물이

그림 3. 강우·유출 모의장치

배수관망에 집중되면서 하수 역류에 큰 영향을 미친 것으로 볼 수 있다.

기후 위기 시대의 국지성 집중 호우는 단기 강우 강도 수준을 점차 증가시키고 있다. 이렇게 변화가 심한 강우 패턴에서 순간적으로 강우 강도가 증가할 때는 일시적인 저류를 통해 첨두 유출량을 저감하는 것이 바람직하다. 따라서, 피해 지역을 특정하기 어려운 국지성 집중 호우의 경우, 중앙 집중형 시스템보다 분산형 우수 처리 시스템이 보다 효율적일 수 있다.

대표적인 분산형 우수 처리 방안인 저영향개발Low Impact Development; LID 시스템은 도심 내 주요 불투수면인 건축물과도 연계할 수 있는 효율적인 수해방재 방안이다. LID 시스템을 설치한 옥상의 경우, 유출되는 총 유량에는 변

한국 조경의 새로운 지평

화가 없지만, 우수관로로 빗물이 집중되는 유출 시간을 지연시켜 유입량 대비 유출량은 일정하게 유지된다. 또한 도시화로 인해 비점 오염원이 증가하면서 수질 오염 문제가 부각되고 있는데, 여기에도 LID 시스템은 유효하다. 특히, 식물 근권부의 유용미생물, 토양 공극 등에 의한 정화 기능을 제공하는 식생형 LID 시스템은 도시의 국지성 집중 호우 문제와 수질 개선 목표를 동시에 만족시킬수 있는 복합적인 생태 기술이라 할 수 있다.

다만, 식생형 LID 시스템은 토양, 식생 등 구성 요소의 특성에 따라 장치형과는 달리 성능이 일정하지 않다. 이를 이해하기 위해서는 우선 강우사상을 고려해야 한다. LID 시스템의 일반적인 우수 유출 저감 성능을 평가에는 단일 강우사상이 적용되나, 이것으로는 앞서 강남역 침수 사태를 유발한 단기 강우 강도 증가 현상을 반영하기 어렵다. 실험실 단위의 강우사상은 인공 강

그림 4. 강우 제어 프로그램[1]

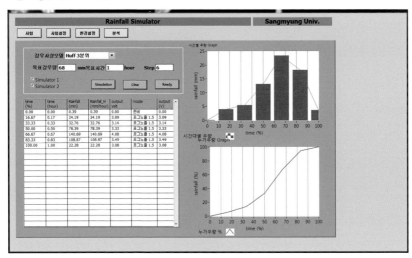

우를 발생하는 강우·유출 모의 장치로 재현되며, 크게 개방형 시스템[7,8]과 부분 폐쇄형 시스템[9]으로 구분할 수 있다. 식생형 LID 시스템의 성능 평가를 위해 이 두 가지 유형을 반영한 강우·유출 모의 장치[10]가 제안된 바 있다. 해당 모의 장치는 대상지의 강우사상에 Huff 3분위 확률 강우 강도 모형을 반영하여 10분 단위로 단기 강우 강도 변화를 적용하고, 실제와 유사한 강우 환경을 만들어 식생형 LID 시스템의 우수 유출 저감 효과를 데이터로 증명하는 데 사용되고 있다.

건물 단위 수해 방재는 실시간으로 배수관의 유속-유량 센서 데이터, 기상청의 강수 예보 데이터를 종합 분석하여 홍수를 예측하여, 수해 발생 빈도를 최소화할 수 있다. 이를 위해 제방과 배수로의 압력 및 유량 센서에서 수집된 데이터를 서버에 전달할 수 있는 수해 대응 조기 경보 시스템이 요구된다. 정보를 받아들이는 시스템의 모니터링부는 재난 상황을 판단하기 위해 모델링부, 시나리오 계산부, 시각화부를 거친 정제된 정보를 관제 센터와 대중들에게 서비스할 수 있도록 통합 플랫폼 형태로 발전하고 있다.

식생형 LID 시스템을 이러한 수해 방재 플랫폼과 연결하려면 우선 건물, 인도, 차도로 유입되는 빗물의 유출 거동과 하도 추적이 가능하도록 데이터화된 성능이 제공되어야 한다. 이는 신뢰할 수 있는 실험 인프라를 기반으로 시스템 설계가 가능한 시뮬레이션과 모델링 기술이 통합된 체계적인 프로세스가 요구된다. 여기서 상조하는 실험 인프라는 변동이 심한 국지성 집중 호우를 모사할 수 있도록 연속 강우사상을 제어하는 알고리즘이 반영된 인공 강우·유출 모의 장치일 것이다.

인공 강우·유출 모의 장치의 '강우 제어 프로그램'은 강우사상을 재현하기

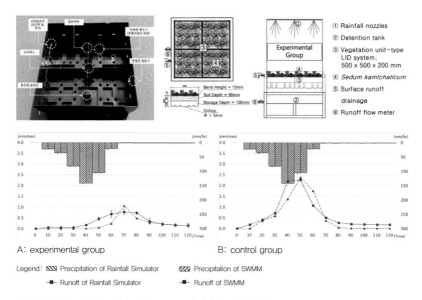

A: experimental group   B: control group

Legend: 〰〰 Precipitation of Rainfall Simulator   ▨▨ Precipitation of SWMM
        ─▲─ Runoff of Rainfall Simulator   ─■─ Runoff of SWMM

그림 5. 인공 강우·유출 모니터링과 SWMM 모의 간의 상관관계 분석

위한 강우 모형을 선정하고, 강우량(㎜)과 강우 지속 시간(h)의 통제 조건을 설정하여 총 강우량(L), 시간당 강우 강도(㎜/h), 기저 유출량(㎜/h) 등의 데이터를 수집할 수 있도록 설계된다. 식생형 LID 시스템의 우수 유출 지연 효과는 이러한 연구실 단위의 성능 평가 인프라와 SWMM Storm Water Management Model, EPA과 같은 전산 해석 프로그램의 유출량 해석을 통해 검증 가능하다. 관련 연구[12]는 인공 강우·유출 모니터링과 전산 모의 간의 유사한 유출 경향을 확인하면서, 식생형 LID 시스템의 설계 방향을 제시한다. 이 연구는 식생형 LID 시스템이 하수 역류에 영향을 미치는 첨두 유출량을 20분 간 지연시켜, 순간적인 유출량 증가에 따른 도시 홍수를 예방할 수 있다는 결론을 내렸다.

현재 세계는 IoT 기술 기반의 사이버 물리 시스템 Cyber Physical System 으로 도시 서비스와 산업을 융합하는 스마트 시티Smart City에 주목하고 있다. 2020년까지 프로스트앤드설리번Frost&Sullivan과 그랜드뷰리서치Grand View Research는 관련 시장 규모를 1.4~1.5조 달러로 예측하고 있어 지속적인 성장세가 예상된다. 스마트 시티가 추구하는 미래 도시는 초연결된 도시 공간에서 집적되는 데이터를 기반으로 기존 SOC 체계로 해결하지 못하는 난제를 개선할 수 있는 알고리즘과 지능형 플랫폼을 포괄한다.

미국의 물환경연구재단Water Environment Research Foundation; WERF은 2014년 NOAANational Oceanic and Atmospheric Administration와 협업을 통해 우수 저류조, 옥상녹화, 저류지, 투수성 포장, 생태 저류지 등의 그린 인프라 요소를 실시간 제어할 수 있는 마이크로소프트 애저Azure 운영 체계의 분산 실시간 제어Distributed Real Time Control; DRTC 시스템을 개발했다. 이 시스템은 실시간 제어에 의한 61년간의 모의를 통해 대상지의 98.9% 유출 저감 효과와 저류 탱크 용량을 88.4%까지 최소화하는 시뮬레이션 결과를 제시하고 있다. DRTC는 기후 변화에 따른 수해 방재를 위해 그린 인프라가 데이터 기반의 정량화된 효과를 제공할 수 있는 상용화 IoT 서비스로 진화하는 좋은 사례로 평가된다. 또한, 이러한 지능형 플랫폼은 기존의 그린 인프라를 고도화해서 토목 방재 설비 처리 용량을 분담하게 만들 수 있는데, 그러기 위해서는 시계열 모니터링과 기상 데이터를 연결하는 IoT 기반 알고리즘이 선행되어야 할 것이다.

따라서 식생 기반 LID 시스템이 기후 위기 시대의 국지성 집중 강우에 대응할 수 있는 효과적인 분산형 우수 처리 시스템으로써 적정 성능을 확보하기 위해서는, "미시적 확률 강우 강도 모의 인프라," "실시간 IoT 관제 시스템," "수해 대응 조기 경보 시스템" 등 다학제적 연계 방안이 필요할 것으로 판단된다. 이와 같은 그린 인프라와 연계된 데이터 기반 고도화 방안은 스마트 도시의 산업적 수요를 유발할 것으로 기대된다.

미세 먼지 저감을 위한 스마트 그린 인프라

2017년 환경부에서 발표한 다중 이용 시설의 미세 먼지 측정 결과에 따르면 실내 주차장$(81.2\mu g/m^3)$, 지하 역사$(69.4\mu g/m^3)$, 대규모 점포$(56.9\mu g/m^3)$, PC방$(54.8\mu g/m^3)$, 학원$(50.6\mu g/m^3)$ 순으로 실내 주차장과 지하 역사가 높은 오염 수준을 기록했다. 특히 설비가 노후된 지하 역사는 공조기 가동율이 떨어져, 1~4호선의 미세 먼지 농도가 2017년 평균 87.8$\mu g/m^3$로 지방 평균 58.7$\mu g/m^3$의 1.5배에 해당하는 수준이었다.[13] 이에 서울교통공사는 7,958억 원의 예산을 투입하여, 2022년까지 터널, 전동차, 지하 역사 등에서 발생되는 지하철 미세 먼지를 2018년 대비 최대 50% 줄이고, 초미세 먼지는 최대 45% 저감하는 방안을 제시하고 있다[14]

지하 역사 내 부유하는 입자상 오염 물질은 전체의 75~85%가 철 성분인 에어로졸 형태의 입자이다.[15] 레일과 차륜 사이의 기계적 마모 현상과 대기 중 산소의 반응으로 발생하는 금속성 오염 물질인 산화철$(Fe3O4, \alpha-Fe2O3, \gamma-Fe2O3$ 등)은 열차풍에 의해 부유하며[16] 지하 공간 전역에 영향을 미친다. 2021년까지 서울시 영동대로 일대에 국내 최대 지하 6층 규모의 광역 복합 환승 센터가 조성될 예정이며 이러한 실내 복합 공간의 수요는 점차 증가하고 있다. 세계 보건기구 산하 국제암연구소IARC는 미세 먼지를 1군 발암 물질로 분류(2013년) 하고 있어, 이와 같은 대단위 실내 공간 개발은 불특정 다수 시민의 건강과 직결되는 실내 대기질 문제로 확대될 수 있다. 이에 더해 최근 코로나19로 인한 감염증 문제는 기존 대기질에 대한 인식을 근원적으로 재정립하고 있다.

실내 대기질 개선은 오염 물질의 정확한 계측에서 시작되어야 하지만, 재정적인 한계로 인해 AWSAutomatic Weather Station와 같은 기준 장비를 이용하는 것은 현실적인 데이터 확보 방안으로 적합하지 않다. 이를 대체하기 위해 통계적 보간법으로 보정하는 방식이나, 측정 정밀도는 상대적으로 낮지만 저렴한 센서로 데이터를 수집하고 인공 지능 알고리즘으로 정밀도를 개선하는 방법이 활발히 쓰이고 있다. 수집된 대량의 데이터는 GNN 인공 지능 알고리즘과 고전적인 회귀 분석 알고리즘이 적용된 보정 모델을 통해 정제되고, 무선 통신 통합 네트워크 표준 패킷 형식의 설계와 통합 대기질 관리 시스템 인프라 구축을 통해 서비스가 가능해진다.

이와 관련하여, 경복궁역 3호선 역사에 식생 바이오필터와 IAQIndoor Air Quality 스테이션 기반의 실시간 모니터링 인프라가 서울교통공사 연구 협약

그림 6. 지하철 3호선 경복궁역 식생 바이오필터 연계 입자상 오염 물질 모니터링 인프라

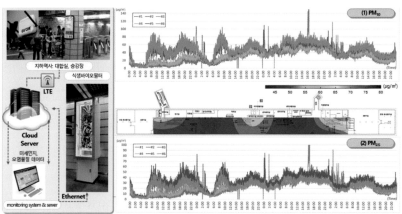

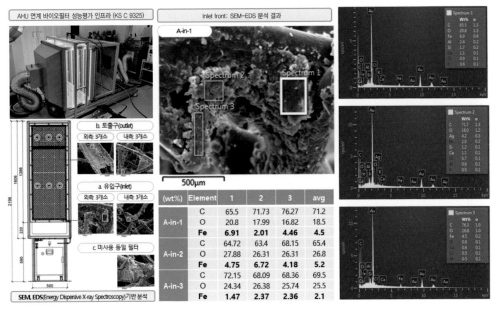

그림 7. SEM–EDS 분석 기반 바이오필터 산화철 저감 효과 구명

을 통해 운영되고 있다. 다중 이용 시설인 지하 역사의 지하철 이용 시간별 입자상, 가스상 오염 물질의 실시간 농도를 모니터링하여 식생 바이오필터에 의한 개선 효과를 데이터로 검증하는 것이다. 유동 인구에 따른 상관관계 분석을 통해 미세 먼지, 초미세 먼지의 고농도 구역을 도출하여 그곳에 인공광 환경에서 안정적인 생육이 가능한 식생 바이오필터를 설치한다. 그 결과 산화철 기반의 입자상 오염 물질이 저감되는 효과가 확인됐다.[17]

이러한 생태적 시스템은 쾌적한 실내 공기를 유지할 수 있는 식물 정화 기술phytoremediation과 바이오필터 기능을 결합한 에코시스템sustainable indoor eco-system에서 유래되었다. 1980년 미우주항공국NASA의 바이오 돔을 활용한 식

물의 휘발성 유기 화합물 제거 효과 발표를 시점으로, 식물과 필터를 결합하여 건물의 환기를 담당하는 공조 시스템과 연계된 통합 시스템으로 산업화가 진행되고 있다. 캐나다 토론토 괼프–험버 대학University of Guelph-Humber 본관과 스웨덴 순드스발 공항Sundsvall Airport은 실내 공기질 개선을 위해 식생 바이오필터를 설치한 대표적인 사례이다. Nedlaw Living Walls사는 수직형 수경 재배 시스템에 식재된 식물의 근권부로 공기를 정화하는 'Biowall 공기 정화 시스템'으로 시장을 확대하고 있다.[18]

국내에서도 식물을 이용한 공기 정화 효과에 관한 연구,[19] 실내 식물의 지상부와 지하부의 톨루엔toluene, 자일렌xylene 제거 비율 구명[20] 등 식물을 활용한 대기 오염 물질 저감 연구와 더불어 미세 먼지 저감이 가능한 식생 바이오필터 개발 연구[21]가 활발히 추진되고 있다.

현재 상용되는 식물 소재의 바이오필터 시스템은 토양 기반 유니트형, 수직 수경 재배형, 유로 모듈–유니트형 등 3가지 유형으로 구분할 수 있다. 토양을 이용한 시스템의 경우, 미생물의 정화 기작에 필요한 반응 시간을 확보하기 위해 여과 풍속을 2cm/sec 내외로 한정하고 있다. 이는 관수에 의해 정화 반응을 제공하는 수직 수경 재배형에 비해 50~100배 낮은 여과 풍속으로, 단위 시간당 환기율이 낮아 경제성 확보가 어려운 편이다.

반면 수직 수경 재배형은 1m/sec 내외의 여과 풍속으로, 국내에서도 체적 332.73㎥ 실험실 내의 피험자 16명을 대상으로 공조 성능, 실내 공기질, 쾌적 지표 등의 개선 효과 연구가 진행됐다. 시스템은 1,411.22㎥/h의 송풍량 조건에서 초기 미세 먼지 농도를 32.2% 저감하고, 적정한 실내 쾌적도를 유지한 것으로 보고했다.[22] 후속 연구로 시계열 데이터 분석을 통해 신선 외기

유입을 최소화하고, 에너지, 공기질 측면에서 효율적인 다중 이용 시설 내 대기질 관리 알고리즘 개발이 진행 중이다.

입자상 오염 물질의 유해성은 중금속 검출 여부를 원소 단위로 분석할 수 있는 SEM-EDSScanning Electron Microscope-Energy Dispersive X-ray Spectroscopy를 사용하여 규명할 수 있다. 고배율 전자 현미경SEM은 시험 물질의 표면 형상을 수 나노미터nm의 정밀도로 관찰할 수 있어 과학과 산업 전반에서 필수적인 측정 장비이다.

경복궁역사의 경우, 검출된 입자상 오염원 중 2.07~5.22%가 철 성분이었으며, 시공된 식생 바이오필터에 의해 전량 여과되는 것으로 확인되었다. 식생 바이오필터에 대한 지속적인 성능 평가와 검증 과정이 아직 더 보완되어야 하지만, 데이터를 기반으로 한 그린 인프라의 대기 오염 물질 저감 효과 연구는 관련 산업 경쟁력 제고에 긍정적인 영향을 미칠 것으로 보인다.

기후 변화 에너지 정책과 그린 인프라

2017년부터 2040년까지 전 세계 발전 부문 투자 규모는 약 10조 2천억 달러에 이르고, 이 중 72% 이상이 신재생 에너지에 투자될 것으로 전망하고 있다. 전체 발전 부문의 연평균 투자 증가율은 약 1% 수준인 것에 반해 태양광과 풍력 발전의 증가율은 각각 2.3%와 3.4%로 전체 발전 부문 대비 2~3배를 상회할 것으로 예상된다.[23]

정부는 2030년까지 재생 에너지 발전 비중을 20%로 확대하는 정책 목표인 '재생 에너지 3020'을 수립했다. 2019년 12.7GW의 신재생 에너지 발전 용량을 2025년까지 42.7GW로 늘리는 것이 핵심이다. 여기에, 태양광의 표면 온도를 낮춰 전력 변환 효율을 개선할 수 있는 산지 태양광 허가 건수도 급격하게 증가했다. 산지 태양광 발전 시설은 2018년 2,443㏊를 정점으로 감소하고 있지만, 이미 2017년부터 짧은 기간 내 전국 임야 총 232만 그루의 수목이 벌목되었다. 2020년 국지성 집중 강우로 인해 12개소의 산지 태양광 발전 시설에서 산사태가 발생하면서, 산림 자원과 사방 시설의 안전에 대한 대책이 요구되는 상황이다.

일반적으로 태양 전지는 실리콘, 박막, 차세대로 구분되는데, 이 중 경제성이 확보된 실리콘 태양 전지의 경우, 다시 결정질 실리콘과 비결정질 실리콘으로 분류된다. 태양광 발전 시장의 80% 이상을 차지하는 결정질 태양 전지는 표면 온도의 증가에 따라 전력 변환 효율이 1℃당 0.4~0.5% 저감되는 특성이 있다. 따라서, 전력 변환 효율을 유지하기 위해서는 태양 전지의 표면 온도를 적정하게 유지해야 한다.

이를 위해 유럽에서는 BOSBalance of System와 식물의 증발산에 의한 전열 교환 효과를 기대할 수 있는, 옥상녹화와의 연계 방법이 보편화되어 있다. 건축물 통합형 태양광 발전 설비Building Integrated Photovoltaics; BIPV는 이와 같은 전력 생산 최적화 방안과 함께 다수의 국가에서 시행되는 신재생 에너지 공급 의무화 제도Renewable Energy Portfolio Standard; RPS를 통해 관련 시장을 점차 확대했다.

하지만 2008년 세계 금융 위기는 BIPV 시장에도 영향을 미쳐, 고가의 설치비와 관리 운영의 어려움으로 시장 확대의 한계에 이르게 되었다. 이러한 시장 변화에 염료 감응 태양 전지 기술을 도입하여 파워 윈도우로 개발된 "스마트 윈도우"와 건물 유휴지에 태양광 발전을 적용하는 건축물 적용

태양광 발전 설비Building Applied Photovoltaics; BAPV가 경제성 확보 측면에서 고려되고 있다.

이와 관련하여, 국내 교육 시설에서 2012년부터 옥상녹화와 통합된 BAPV형 태양광 발전 설비 통합 시스템이 운영되고 있다. 시공된 테스트 베드test bed를 통해 옥상녹화의 전열 교환 효과가 주변 기온과 태양광 모듈의 표면 온도에 미치는 영향과 이에 따른 전력 변환 효율 변화를 모니터링 중에 있다. 우레탄 방수층으로 이루어진 대조구와 섬기린초, 돌나물, 두메부추, 큰꿩의비름 등을 식재한 옥상녹화 실험구의 태양광 모듈 표면 온도차는 평균 13.9℃에 이르고 있다. 이러한 태양광 모듈 표면의 온도 저감은 최대 7.1%의

그림 8. 옥상녹화 연계 BAPV의 태양 복사 에너지 대비 태양광 모듈 표면 온도차, 상명대학교 상록관

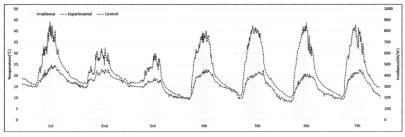

그림 1. PV Module Temperature Monitoring in Experimental and Control Testbed (1st~7th October, 2014)

태양광 발전의 전력 변환 효율 개선[24]으로 이어져, 옥상녹화 통합형 태양광 발전 설비도 데이터에 기반하여 에너지 생산 효율을 향상시키는 그린 인프라 모델로 제시할 수 있다.

옥상녹화 통합형 태양광 발전 설비는 BOS와 유사하게 전력 변환 효율을 개선할 수 있지만, 앞서 살펴본 LID 측면에서 국지성 집중 강우로 인한 도시 홍수 저감 효과도 기대할 수 있다. 태양광 발전 설비는 시공 기간이 짧고, 전력 부하 집중 시간대에 유연하게 사용할 수 있는 좋은 예비 전력 수단이다. 여기에 옥상녹화는 전열 교환으로 주변 기온과 모듈 표면 온도를 낮춰 주고, 우수 유출을 지연시킬 수 있는 복합적인 기능을 제공한다. 따라서, 옥상녹화 통합형 태양광 발전 설비는 사방 안정성을 저해하는 산지 태양광 발전 수요를 도심에서 수용할 수 있는 매력적인 신재생 에너지 방안으로 정부의 그린 뉴딜 정책에도 기여할 수 있을 것이라 판단된다.

데이터 기반 그린 인프라의 발전 방향

현대 도시는 기후 변화에 따른 집중 강우, 대기 오염, 폭염, 에너지 부족 등의 복합적인 환경 문제로 인해 그 어느 때보다 심각한 위기 상황에 놓여있다.

지금까지 기후 위기 시대에 그린 인프라의 새로운 역할을 모색하기 위해 데이터화할 수 있는 산업 영역을 중심으로 발전 가능성을 살펴보았다. 정부 정책 기조에 따라 성장하고 있는 데이터 산업과 연결할 수 있는, 데이터 역량이 강화된 그린 인프라 산업은 지속 가능한 발전을 위한 하나의 대안이 될 수 있다. 이를 위해 4차 산업 혁명 시대에 녹색 복원 산업의 대내외적인 경쟁력을 확보할 수 있도록 스마트 그린 인프라 부문의 전문 인력을 양성하고, 산업적 디지털 트랜스포메이션에 대응해야 할 것이다.

그동안 사회 간접 자본 시설을 친환경적으로 조성하여, 국가의 건전한 발전에 기여해 온 그린 인프라는 이제 새롭게 사회·경제 구조가 재편되는 변화의 시점에 와 있다. 또한, 그린 인프라를 포함한 환경산업의 성장이 정체되고 있는 상황에서 이를 극복할 수 있는 미래 성장 동력에 대한 활발한 논의가 필요하다.

앞서 다루었던 기후 변화로 인한 물질 순환 환경의 교란 외에도 예측하기 어려운 사회적 난제가 기존의 패러다임을 지속적으로 위협하는 상황이다. 이에 학계와 산업계가 연계하여, 기존의 그린 인프라가 실질적인 기후 변화 대응 방안이 될 수 있도록 데이터 기반 스마트 그린 인프라로 재해석하려는 시도를 보다 폭넓게 해야 할 것이다.

---

1. "2019년 데이터산업현황조사," 한국데이터산업진흥원, 2019.

2. "환경산업분류별(매체별) 매출액," 국가통계포털, 2020.

3. 『2018 데이터 산업현황조사』, 과학기술정보통신부, 2019.

4. Mxkinsy&Company, *Bigdata: The next frontier for innovation, competition, and productivity*, 2011.

5. 이수형, "9.26 미세먼지 관리 종합대책 발표 후 보건분야의 연구 및 적응 대책 방향," 『보건·복지 Issue & Focus』 346호, 한국보건사회연구원, 2018, pp.1-8.

6. 『바로알면 보인다. 미세먼지, 도대체 뭘까?』, 환경부, 2016.

7. 장영수 외, "LID 기술의 효율성 검증을 위한 강우-유출 모의장치 개발 및 검증실험에 관한 연구," 『한국수자원학회논문집』 47(6), 2014, pp.513-522.

8. M. Lora, M. Camporese, P. Salandin, "Design and performance of a nozzle-type rainfall simulator for landslide triggering experiments," *CATENA*, 140, 2016, pp.77-89.

9. K. Erdal, D. Ahmet, A. Hayrullah, "Rainfall simulator for investigating sports field drainage processes," *Measurement*, 125, 2018, pp.360-370.

10. 김태한·박정현·최부헌, "인공 강우기 기반 확률강우재현을 통한 식생유니트형 LID시스템의 우수유출지연 효과분석," 「한국환경복원기술학회지」 22(6), 2019, pp.115-124.

11. 「도시생태계 복원을 위한 빗물침투 및 유출지연 기술개발」, 중소기업청, 2018.

12. 김태한 외, "식생유니트형 LID 시스템의 우수유출 지연효과에 대한 SWMM 전산 모의와 인공 강우 모니터링 간의 유의성 분석," 「한국조경학회지」 48(3), 2018.

13. "제3차 지하 역사 공기질 개선대책[2018~2022]," 2018.

14. "서울지하철 미세먼지 50%↓ 추진," 냉난방공조 신재생 녹색건축 전문저널 칸(kharn), http://www.kharn.kr/news/article.html?no=12493.

15. H. J. Jung et al., "Source Identification of Particulate Matter Collected at Underground Subway Stations in Seoul, Korea Using Quantitative Single Particle Analysis," *Atmospheric Environment*, 44, 2010, pp.2287-2293.

16. H. J. Eom et al., "Iron Speciation of Airborne Subway Particles by the Combined Use of Energy Dispersive Electron Probe Xray Microanalysis and Raman Microspectrometry," *Analytical Chemistry*, 85, 2013, pp.10424-10431.

17. "식물을 활용한 지하 공간 미세먼지 저감방법 개발(2차년도)," 농촌진흥청, 2020.

18. "식물 활용 생활 공간 미세먼지 저감기술 활용방법 개발(1차년도)," 농촌진흥청, 2019.

19. K. J. Kim et al., "Removal Ratio of Gaseous Toluene and Xylene Transported From Air to Root Zone via the Stem by Indoor Plants," *Environ Sci Pollut Res*, 23, 2016, pp.6149-6158.

20. "식물 활용 생활 공간 미세먼지 저감기술 활용방법 개발(1차년도)," 농촌진흥청, 2019.

21. 유명화·변혜진·손기철, "식물/배지를 이용한 공기 정화 시스템의 팬 사용 유무에 따른 실내식물의 생리적 반응," 「원예과학기술지」 22(2), 2004, pp.84-84

22. 김태한 외, "식생 기반 바이오필터의 미세먼지, 이산화탄소 개선효과와 실내쾌적지수 분석,"
『한국환경농학회지』 37(4) 2018, pp.268-276.

23. 이석호·조일현, 『국제 신재생 에너지 정책 변화 및 시장 분석』, 에너지경제연구원, 2018.

24. 박상연 외, "RPS 제도가 적용된 옥상녹화통합형 태양광시스템의 출력 경제성에 대한 연구,"
『한국조경학회 춘계학술대회 논문집』, 2015, pp.81-82.

4

역사, 유산
그리고 문화경관

조경으로 보는 역사와 전통:
보다 나은 미래를 위한 문화유산

성종상 + 이원호

들어가며

전통이나 역사는 분야를 막론하고 다루기에 만만하지 않은 주제이다. 그것은 아무래도 한국의 역사, 특히 근대 이후 겪어온 아프고 힘든 역사와 무관하지 않을 성싶다. 게다가 짧고 급격한 현대화 과정을 거치면서 많은 것을 지우고 잃어버린 채 살아온 데다 반도라는 지정학적 조건에 강대국으로 둘러싸인 소국이라는 자격지심까지 더해지다 보니 역사니 전통이니 할 때마다 어쩔 수 없이 부담감 내지 강박감을 느낄 수밖에 없는 것이 아닐까 한다. 문제는 그런 류의 강박감이 종종 전통의 홀대 및 남의 것 추종이라는 현상으로 이어지기 쉽다는 점이다. 한국 현대에서 그것은 전통에의 무지와 홀대, 서구에의 무조건적 추종이라는 흐름으로 전개되어 왔다고 해도 과언이 아닌 듯하다.

그림 1. 최근 전 세계인들로부터 관심과 찬사를 받고 있는 한국관광공사의 홍보 동영상은 그다지 주목하지 않았던 전통도 도전적 정신과 창의적 발상으로 접근하면 근사하게 통할 수 있다는 사실을 입증해 주고 있다(ⓒ한국관광공사 유튜브).

한때 뜬금없이 '우리 것은 좋은 것이여!'라는 식의 맹목적 상찬이 곁들여진 것도 그와 관련해 해석할 여지가 있다. 남의 것 혹은 새것에 대한 맹신적 추종은 정체성 상실로 이어질 수밖에 없고, 전통의 맹목적 상찬 역시 본질은 제쳐둔 채 껍데기만을 강요하거나 배타적 편협성으로 문화적 퇴행 내지는 고답적 복고에 빠지기 쉽다는 점에서 결코 바람직하지 않다.

하지만 최근 들어오면서 전통을 바라보는 인식과 태도가 이전과는 많이 달라진 듯하다. 눈에 띄는 변화의 조짐은 나라 밖에서 손쉽게 발견된다. 한류, 곧 한국 문화가 세계 각국에서 큰 관심과 사랑을 받고 있는 것이다. 수년 전 일부 특정인이나 분야에서 일기 시작한 한국 문화에 대한 열풍이 K-pop이니 K-drama 등은 물론 K-food, K-movie, K-fashion, K-beauty, K-city, K-보건, K-방역식으로 등장하고 있는 것을 보면 이제

한류는 특정 분야를 넘어 일상 문화 전반에까지 확산되고 있는 것이 아닌가 한다. 스스로도 미처 알지 못했던, 우리만의 뭔가가 동시대 세계인들에게 어필하고 있다는 것이다. 전통을 다시 들여다볼 필요성과 여지를 여기서도 찾아볼 수가 있는 셈이다.

역사와 전통, 그리고 문화유산

역사, 전통, 유산 등은 지나간 시점의 뭔가를 이야기할 때 사용되는 용어이다. 거의 모든 것이 광속으로 바뀌는 동시대에 지나간 것이 과연 필요한가? 라는 의문이 들 수도 있겠다. 특히 산업화 과정에서 '유신維新,' '새마을 운동' 등으로 오래된 것은 낡은 것이니 안 좋은 것이고 새것이 더 좋은 것이라는 사고에 젖어온 한국인에게는 그런 의구심이 자연스러울 만도 하다.

하지만 저명한 역사학자 카E. H. Carr는 역사를 '과거와의 대화'라고 했다. 대화라는 것이 쌍방향 소통이라는 점을 감안해보면 역사라는 것은 과거만이 아니라 현대, 나아가 미래와의 연장선상에서 이해하는 것이 타당할 것이다. 전통tradition이란 용어에도 세대간에 전달transmit되면서 살아남아 실행carry on되는 의미가 내포되어 있다.[1] 전통이란 단순히 과거와 현재를 연결해주는 근시안적인 것이 아니라 과거에서 현재로, 현재에서 미래로 시간을 초월해서 그 존재성을 지시하는 것[2]이라고 하는 것도 같은 맥락이다. 전통을 고정불변의 정체된 것으로 간주하려는 정태적 태도나, 현재 시점에 단순히 재현하려고 하는 복고적 태도 둘 다 비판을 받을 수밖에 없는 까닭도 거기에 있다.

이와 같은 맥락에서 국내 문화재 분야에서도 전통에 대한 인식이 변화하고 있다. 문화재 제도 적용 초기에는 보물, 국보 등의 동산문화재와 천연기념물, 사적 중심의 부동산문화재 보호에 치중하였으나, 이후 문화재의 대상 범주가 대폭 확장되었다. 2006년 명승 활성화 정책과 사적 및 명승의 재분류 등을 거치면서 경관의 관리 및 보호가 면적 차원에서 이루어지게 되었고, 민속자료 보호 구역 및 중요민속자료(현재 국가민속문화재) 지정 등에 따라 정원, '역사마을,' '우수경관 조망명소' 등도 국가 제도권의 보호를 받게 되었다. 2009년 제정된 '역사적 건축물과 유적의 수리, 복원 및 관리에 관한 일반 원칙'에는 이분법적으로 적용되던 원형 보전의 원칙이 유네스코UNESCO나 국제 기념물 유적 협의회ICOMOS 등 국제기구에서 채택한 헌장과 권고안 등 국제적 기준과 원칙에 맞추어 보다 유연하게 개선되었다. '유산heritage'이라는 용어는 이러한 변화와 함께 근래에 중요하게 부각된 개념이다. 유산이란 과거에 만들어진 것이지만 현재 시점 이후에도 역사적 중요성을 보유하고 있는 언어, 사상, 전통, 건축 등의 문화적 소산이라고 정의된다.[3] 과거로부터 현재 이후로까지 이어지는 시간적 연속성의 개념과 더불어, 단순한 물적 문화만이 아니라 비물적 문화 총체까지 포함하는 개념인 것이다. 관련하여 인류가 보존·보호해야 할 문화와 유산을 다루는 국제기구인 유네스코가 유산을 '세계유산world heritage,' '무형문화유산intangible cultural heritage,' '세계기록유산memory of the world'으로 분류하고 있다는 점도 유의할 만하다. 요는 인류가 축적해온 업적들을 다루는 데에 있어서 '유산'이라는 용어가 특정의 유적이나 유물 중심적 시각을 넘어 다양한 유무형 자산까지 포괄하는 시각을 담아내기에 더 적절한 개념으로 보인다는 점이다. 이런 점에서 적어도 전통 경관을 다루는 차원에서는 '문화재cultural property'보다는

'문화유산cultural heritage'이라는 용어가 더 적절할 수 있을 것이라는 지적도
가능하다. 실제로 2004년 문화재청의 공식 영문 명칭이 'Cultural
Property Administration'에서 'Cultural Heritage Administration'으로
변경되었다. 이는 국내에서 문화재의 개념에 대한 지각변동을 시사하며
국가 차원에서 지키고 보호해야 할 공공의 '재산'이라는 좁은 의미에서 다음
세대에 물려주어야 할 '유산'의 개념으로 확장된 것이다.[4]

최근 급변하는 글로벌 의제와 자연 환경에 대응한 자연유산의
체계적·선제적 관리 필요성이 확산되고 전통 조경 등 국민들의 자연유산
향유 욕구 증대에 따른 국가 차원의 서비스 수요가 급증하고 있다. 이와
관련하여 '자연유산의 보존 및 활용에 관한 법률'이 제정되면 자연유산과
전통 조경, 관리 구역의 개념과 보존 원칙 정립, 보존 관리 제도 수립을 통해
천연기념물과 명승, 경관의 보호 기준이 재정비되고, 전통 조경의 보급·육성
정책에도 탄력을 받게 된다. 또 기후 변화에 대비한 적극적 보호 체계 도입과
첨단 과학 기술의 활용, 통일 국가 시대 대비 남북한 협력 방안 모색 등의
정책에 힙입어 문화재청의 세계자연유산 등재 추진도 가속화될 전망이다.

조경에서의 역사와 전통

최근 서울시에 현존하는 유일한 조선 시대 민간 정원으로 평가되었던
성락원을 둘러싸고 격한 논란이 펼쳐진 적이 있었다. 논란의 핵심은 소유자가
가공의 인물이고, 정원의 원래 모습이 많이 훼손되었으며, 성락원이라는
이름도 근래에 붙인 것이라는 등의 사유로 문화유산으로서 가치가 없다는
것이었다. 실제로 1992년 문화재청에서 국가사적史蹟으로 지정(2008년 명승으로

변경 지정)할 당시의 정보와는 달리 조선 말 재상이라는 소유자는 가공의 인물이었고, 실제 소유자는 고종의 내시였으며, 성락원이라는 명칭 역시 1950년대 말경 관광지로 조성하면서 붙인 것으로 밝혀졌다. 결국 소유자의 신분이 별로 높지 않은 데다가 정원의 원형도 많이 훼손되었으며, 이름도 근래에 붙인 것이니 문화재로 인정해서는 안된다는 것이다.

하지만 이런 주장은 특정 시대의 특별한 역사 유적이나 기념물, 탁월한 예술적 총체 등 특정의 문화적 유산 위주로만 한정했던 이전 시각을 벗어나지 못한 인식이라는 점에서 재고를 요한다. 1964년 유네스코의 베니스 헌장에 명시된 '유산의 물리적 일관성이나 본질적intrinsic 가치'가 한동안 세계유산의 중요한 근거로 인정되어온 것은 사실이다. 하지만 베니스 헌장에는 세계유산으로서 역사적 기념물조차도 단순히 특정의 위대한 물적 대상만이 아니라 시간 경과에 따라 문화적 중요성을 획득한 근대의 성과물까지 포함해야 한다는 점도 분명히 명시되어 있다. 이후 유네스코나 이코모스 등 세계유산을 다루는 국제기구에서는 역사적 유산에 대한 개념과 범주를

그림 2. 최근 논란이 되었던 명승 118호 성북동 별서의 송석정. 깊숙한 계곡부의 빼어난 암반과 계류를 활용한, 전형적인 한국 정원의 미학을 엿볼 수 있는 곳이다. 성락원이라는 명칭은 1950년대 말 외국 관광객 유치 및 외화 획득을 위한 관광지 개발의 일환으로 연회장과 연못 등을 새로 조성하면서 붙인 것이다(©성종상).

지속적으로 확장시켜 오고 있다. 탁월하고 특별한 역사적, 예술적 기념물이나 랜드마크 등과 같은 이른바 정태적, 엘리트적 유산 중심에서, 지역 고유의 정체성을 지닌 살아있는 유산living heritage이나 정원, 공원, 산업유산과 같은 것도 문화유산의 대상 범주로 간주되어야 한다는 것이다. 특별히 역사 정원을 세계유산 범주에 포함시킨 플로렌스 헌장(1982)에도 살아 있는 유기체, 곧 동식물을 유산의 주요 구성 요소이자 속성으로 간주함으로써 정원이라는 역사유산의 가변성과 역동성이 허용되고 존중된 지가 이미 오래인 것이다. 유산을 바라보는 시각이 (최근 서구중심적 시각이라고 비판받고 있는) 합리성이나 객관성 위주가 아니라, 해당 유산의 주체 관점에서의 주관적인 가치 평가가 중요하다고 분명히 밝히고 있는 것이다. 그렇게 보면 성락원에 대한 논의도 특정의 고정된 시점이나 정태적 대상에 주목할 것이 아니라, 그것이 변화되어온 과정에서의 가치와 의미를 어떻게 해석할 것인가 하는 점으로 수렴되는 것이 타당하다. 참고로 성락원은 문화재청과 전문가들의 재평가 과정을 거쳐 '성북동 별서'라는 이름으로 명승에 재지정되었다.

위 논의를 확장시켜서 보면 유산 보호와 관리에 있어서 조경가의 역할은 앞으로 매우 확대될 필요가 있다고 판단된다. 앞서 언급된 대로 세계유산의 대상 범주에 새로 편입된 정원, 도시공원, 자연공원, 산업유산 등은 모두 조경가의 주요 업역 대상이다. 거기에다 최근 유네스코와 이코모스를 중심으로 시골 경관rural landscape, 역사 도시 경관historic urban landscape, 역사 문화 경로cultural route 등등의 다양한 유형의 문화경관cultural landscape들이 세계유산 지정 대상으로 부상하고 있는 실정임을 감안해 보면 세계유산 분야에 대한 조경가의 관심과 참여는 앞으로 더욱 늘어나야 할 것으로 보인다.

역사와 전통 관련 조경의 새로운 과제

유산과 관련된 국제 사회에서 문화경관에 대한 관심과 논의가 최근에 확대되고 있다는 사실은 역사 경관, 국토 경관, 향토 경관 등 우리의 삶과 공동체의 역사가 녹아 있는 경관의 중요성과 발전 가능성을 반증해 준다. 경관은 조경의 핵심 분야이고 대상이다. 경관을 만드는 행위로써 조경은 무에서 유를 창조하는 예술적 행위뿐만 아니라 아름다운 경관을 올바르게 지켜나가는 일 또한 중요하게 다룬다. 실제 세계유산 분야에서도 최근 조경가들의 역할이 두드러지게 증가하고 있는 현상이 목격된다. 유네스코, 이코모스, 세계자연보전연맹IUCN 등 세계유산의 심사와 평가, 등재, 모니터링 및 관리 활동에 조경가들의 참여가 증가하고 있다. 특히 유네스코의 세계문화유산 관련 공식 자문 기구인 이코모스에도 문화경관ISCCL, 문화 루트CIIC, 문화 관광ICTC, 역사 도시/마을CIVVIH, 종교 장소PRERICO, 20세기유산ICO2oC, 산업유산ISCIH 등과 같이 조경가들이 참여할 수 있는 분과위원회가 다수 구성되어 있으며, 앞으로도 점차 증가하고 있는 추세이다. 문화경관 분과에는 농촌 경관Rural Landscape, 자연과 문화의 만남Nature-Culture, 정원 미학Garden Aesthetics, 역사적 도시 공공공원Historic Urban Public Park, 20세기 디자인 경관20th Century Designed Landscape 등과 같은 다양한 연구팀들이 결성되어 있다. 이같이 국제기구 내에서 경관 관련 업무는 대체로 조경가들의 시각과 공유되는 접점을 갖는다. 또한 유럽경관협약(2000)과 일본 문화재보호법 상의 문화적 경관 제도 등은 문화경관에 대한 최근 주목할 만한 움직임이라 할 수가 있다.

국내에서도 세계유산 등재 과정에 조경가들이 중요한 역할을 담당했다.

2019년 등재된 '한국의 서원'은 2015년 세계유산 등재 신청서를 제출하였으나 심사 결과 반려 판정을 받아 2016년 신청을 자진 철회한 바 있다. 당시 심사에서는 한국의 서원 9개소에 대한 연계성과 중국·일본 서원과의 차별성 부족과 함께 서원의 주변 경관이 문화재 구역에 포함되지 않은 점이 문제로 지적되었다.[5] 이후 서원의 휴게(유식)공간에 해당하는 누각과 누각에서 바라본 주변의 경관, 지형 등이 온전한 모습으로 남아있으며, 서원의 탁월한 보편적 가치를 지닌 중요한 부분이 모두 유산 구역이나 완충 구역에 포함되어 있음을 입증함으로써 2019년 한국의 14번째 세계문화유산으로 등재되었다. 서원이라는 조선 시대 성리학의 산실이 주변의 빼어난 자연 환경과 결합한 문화경관임을 밝혀낸 데에는 조경가들의 노력이 뒷받침되었

그림 3. 세계 유산 등재 문화경관 누적 유산 수(©유네스코)

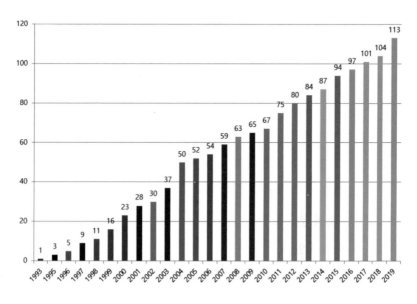

한국 조경의 새로운 지평

다. 이외에 '한국의 전통 마을 하회와 양동'의 세계문화유산 등재에도 등재 신청서 작성 및 연구, 심사 과정에 많은 조경가들이 참여했다. 오늘날 세계 문화유산으로 등재된 궁궐 정원, 왕릉, 역사 마을, 사찰 등 전통 경관 외에 도 세계 유산적 가치를 지닌 문화유산 혹은 문화재로 지정되지 않은 전통 정원, 전통 농어촌마을, 산업유산 등 우리 주변에 위치한 다양한 문화경관 들이 조경가의 관심과 손길을 기다리고 있다. 세계유산 유형상 '성지Sacred Sites'로 간주될 수 있는 우리의 마을숲, 성황림, 당산 등과 풍수지리 사상 등도 자연-인간 상호 작용의 산물로서 한국 전통의 특수성이 잘 나타난 문 화경관으로 발전시켜 나갈 여지가 크다.

최근 세계유산과 관련된 변화는 단순히 대상 범주 차원만은 아니다. 그것을 다루는 시각과 접근 방법에 있어서도 보다 확장되고 포괄적인 방향으로 전개되고 있는 것이다. 구체적으로는 기념물이나 역사 건축물 중심으로 특정의 역사적 가치 위주의 시각에서 더 큰 척도인 경관 차원에다 통합적인 가치로의 접근이 필요하게 되었다. 장소 지향적이며 물적, 비물적 차원까지를 총체적으로 포함하여 전체적으로 다루는 '경관적 접근holistic approach'이라는 인식과 시각은 이 같은 시대적 상황에 따라 대두된 것이다.[6] 이 경관적 접근이란 자연 자원의 척도까지 포함하여 보다 포괄적으로 다루기에 적합하며, 그 이론적 토대는 1960년대 이후 수십 년 동안 이루어진 자연 보전 운동 및 실천 활동이나 조경 실무로부터 영향을 받아온 것이다.[7]

마무리

자연을 바탕으로 끊임없이 변화하는 환경을 다루는 데 익숙한 조경가들은

그림 4. 영국 왕실 소유의 런던 햄프턴 코트 궁전(Hampton Court Palace). 궁전 앞 잔디밭은 평소에는 일체 들어갈 수 없도록 엄격히 관리되지만, 매년 열리는 햄프턴 코트 가든쇼 기간 동안에는 긴 의자를 늘어놓고서 시민들이 마음껏 쉴 수 있도록 배려한다. 오랜 전통의 역사적 유산도 현재 시점에 요구되는 효용을 적절히 수행하도록 함으로써 동시대적 가치를 인정받게 된다는 것을 보여준다(ⓒ성종상).

열린 시각으로 경관의 다양성을 이해하고 통합적으로 접근하는 데 유리하다. 이러한 조경가들의 안목과 전문성은 한국 전통에 담겨 있는 문화경관적 특성과 의미를 읽어내고, 동시대적 가치와 효용을 발휘하도록 하는데 중요한 장점이 될 수가 있다. 열린 시각과 유연한 사고, 그리고 통합적인 접근으로 훈련된 조경가의 참여가 매우 필요하고 적절한 시대적 상황에 와 있는 셈이다.

전통과 역사를 다루는 데에는 엄정한 사료史料에 입각한 신중하고도 제한된 접근이 요구된다. 하지만 문화유산을 바라보는 시각과 그 대상 범주가 확장되고 있는 최근 국제 사회의 동향은 그 같은 접근만으로는 결코 충분하지 못하다는 점을 역설적으로 알려 주고 있다. 광속으로 변화하는 사회 문화적 조류 속에서 전통과 역사가 지닌 본래 의미와 가치를 존중하되, 보다 자유로운 상상과 창의적 발상으로 새롭게 재해석하여 동시대적 가치와 효용을 극대화시켜 나가는 것 또한 필요하다. 때로는 엉뚱한 듯 새로운 발상과 시도가 이끌어내는 결과는 놀라우리만큼 혁신적이거나 참신한 것일 수가 있는 것이다. 사람의 창조 행위는 사실 무에서의 창조가 아니라, 항상 기존의 것을 사용하여 변화를 주는 것[8]이라고 보면, 전통의 가치도 오늘날 그런 창조의 과정에 얼마나 도움이 될 수 있을 것인가 하는 관점에서 바라볼 여지도 있을 것이다. 인식과 접근 방식, 그리고 구체적인 실천에서 끊임없는 노력과 새로운 시도는 전통이나 역사라고 해서 결코 예외일 수가 없을 것이다.

---

1. 성종상, "기억의 망각 혹은 반복: 한국 현대조경설계에서 전통재현의 양상," 『한국조경학회40주년 기념집』, 2012, p.116.

2. 이종상, 『솔바람 먹내음』, 민족문화문고간행회, 1988, p.205.

3. "Heritage," *Cambridge Dictionary*, web, 2021년 1월 25일, https://dictionary.cambridge.org.

4. 이현경·손오달·이나연, "문화재에서 문화유산으로: 한국의 문화재 개념 및 역할에 대한 역사적 고찰 및 비판,"『문화정책논총』33권 3호, 2019, p.6.

5. "'한국의 서원' 세계유산 등재 재도전," 중앙일보, 2017년 7월 24일 수정, https://news.joins.com/article/21785340.

6. 성종상, "세계유산으로서 문화경관의 가치와 의미," (사)이코모스 한국위원회, 『이코모스 한국위원회 창립20주년 기념집』, 2020, pp.72-73.

7. Cari Goetcheus and Nora Mitchell, "The Venice Charter and Cultural Landscape: Evolution of Heritage Concept and Conservation Over Time," *Change Over Time* 4(2), 2014, pp.338-357.

8. 김용석, 『문화적인 것과 인간적인 것』, 푸른숲, 2001, p.190.

산업유산과 조경:
장소성과 역사성으로 공간 읽기

박재민

낯설지만 익숙한 단어, 산업유산 그리고 도시공원

2002년경 근처에 괜찮은 곳이 조성되었다는 이야기를 듣고 산책 삼아 처음 선유도공원에 방문하였다. 당시 유행하던 MVRDV, 렘 쿨하스의 디자인을 따라하면서도 알 수 없는 불편함과 거부감이 있었던 나에게, 선유도공원은 너무나 강렬하고 알 수 없는 따뜻한 경험을 주었다. 새롭고 창의적인 디자인을 해야 한다는 강박이 아닌, 그 장소에 남아 있는 시간의 기억과 흔적들을 하나하나 오롯이 담아냄으로써 그곳을 보다 새롭게 감각할 수 있도록 해 주었다.

조경과 산업유산産業遺産, industrial heritage이라고 하면 낯설 수 있지만, 사실 우리가 알고 있는 상당수 도시공원은 산업유산과 직간접적으로 관련되어

그림 1. 고가 도로를 가로공원으로 활용한 서울로7017(ⓒ유청오)

있다. 산업유산은 우리에게 이미 익숙한 장소이며, 도시공원이 되고 있다. 대표적인 몇 가지를 살펴보자. 폐철로를 이용한 경의선 숲길공원, 고가 도로를 변화시킨 서울로7017, 석유 저장고를 재활용한 문화비축기지, 폐채석장을 활용한 포천아트밸리 등 우리가 알고 있는 대부분의 유명한 공원이 이에 해당한다. 그리고 앞으로 우리가 대형 도시공원large park을 조성할 수 있는 중요한 대안적 대상지이기도 하다.

기존에는 공원 설계 '결과물'로써의 시설 재활용 사례 소개 또는 미학적 해석이 주를 이루었다면, 본고에서는 조금 다른 시선으로 살펴보고자 한다. 산업유산의 역사성과 장소성의 의미를 돌아보고, 도시 발전 과정에서 필연적으로 등장하게 된 이유와 앞으로 주목해야 할 유형, 그리고 새로운 상상하기를 시도해 보고자 한다.

산업유산이란 무엇인가

산업유산이란 산업화 과정에서 만들어진 공장, 창고, 기계, 구조물, 주거지, 경관 등의 산업 문화에 의해 형성되어 남겨진 유산을 말한다.[1] 다만 산업유산은 물리적 건조물뿐만 아니라, 그 주변의 모습이나 사건 등의 사회 문화적 자원을 함께 포괄한다. 예를 들어, 제련소가 건설되면 해당 제련소 건조물만이 아닌 그 주변에 이를 지원하는 공장, 창고, 야적장, 시장, 사택과 주거지가 자연스레 함께 형성되고 더 나아가 그 시대를 보여주는 가로 경관과 생산된 자원에 의한 도시 색채를 구성하기도 한다. 이에 산업유산은 정원유산과 함께 세계문화유산의 대표적 문화경관으로 소개된다. 산업유산을 이해하기 위해서는 인류 문화를 대변혁시킨 산업 혁명에 의해 만들어진 것들을 상상해보면 쉽게 이해할 수 있다. 다만 산업유산은 전통적 문화재처럼 원형 보존보다는 보전, 즉 활용을 함께한다는 특징이 있다. 참고로 한국의 경우 산업 혁명이 아닌 식민지를 경험하였기에 서구와는 다른 해석이 요구된다.[2]

왜 산업유산을 도시공원으로 만들까? 토지 확보와 공공성

앞서 정의에 의하면 산업유산은 역사적 가치가 있는 것이므로, 문화재처럼 보전하면 될 것인데 왜 공원으로 활용하는지 궁금할 것이다. 이러한 점을 이해하기 위해서는 먼 이야기이지만 도시공원을 조성하게 되었던 과거와

현시대의 상황을 함께 살펴보는 것이 편리하다. 약 150년 전 옴스테드는 도시화와 산업화로 인해 황폐화된 도시 속에서 최소한의 인간다운 삶의 환경을 위한 대안적 매개체로서 맨해튼에 센트럴파크Central park를 제안했다.[3] 하지만 안타깝게도 현재의 도시는 센트럴파크가 조성되었던 시대와는 달리 개발될 만큼 개발되어 도시공원을 조성할 새로운 땅을 더 이상 찾을 수 없게 되었다. 이제 우리는 기존에 이용했던 토지를 재사용하는 수밖에 없게 되었다. 최근 도시 재생 사업이 활발히 진행되는 이유이기도 하다. 물론 재사용해야 하는 토지나 시설을 모두 공원으로 만들어야 하는 것은 아니다. 부족한 주거를 공급하거나 공장이나 공공시설을 새롭게 지을 수도 있다. 한 가지 더, 과거 급속한 도시화와 초기 산업화가 진행되었던 시대와는 달리, 현대 도시는 또 다른 새로운 사회 문제를 안고 있다. 대표적으로 자본에 의한 심각한 양극화가 진행되고 있으며 시민들은 과거보다 더 나은 쾌적한 정주 환경을 요구하고 있다. 도시공원은 여전히 누구에게나 차별 없는 '공공 문화 서비스'를 지속적으로 사람들에게 제공할 수 있는 거의 유일한 도시의 안전한 인프라이며, 상대적으로 매우 경제적이고 효율적인 복지 정책의 도구이기도 하다. 노인들은 조금의 비용조차 들이지 않고 운동을 할 수 있고, 아이들은 주거 형태와 상관없이 함께 뛰어 놀 수 있으며, 다문화가 함께 공존 가능한 장이기도 하다. 다시 말해 도시공원은 소득과 교육 수준, 성별과 인종 차별 없이 누구나 이용 가능한 장소로 역할하고 있는 것이다. 이처럼 도시공원의 필요성은 모두 공감하지만, 이미 개발된 도심 속에서 토지를 새롭게 확보하기란 현실적인 예산을 고려할 때 매우 어려운 일이다. 그러한 데다가 예산을 확보하였더라도 도시공원을 조성할 만큼의 충분히 넓은 토지를 찾기도 힘든 실정이다. 다행히도 산업화에 의해 개발된 토지는 대형 부지인 경우가 많고 공공 소유인 경우도 많아 상대적으로 소유권 협상 및 토지 활용이 용이하다. 더욱이 일부 의식 있는 기업 창업자는 토지나 시설을 기부하거나 기업 박물관 공원으로 조성하는 사례도 간혹 엿볼 수 있다.[4]

이런 장소는 산업화에 의해 남겨진 역사적인 장소이거나 오염되어 환경 복원이 필요한 토지인 경우가 많아 일반적인 이용이 어려울 때가 있다. 대표적으로 매립 완료된 쓰레기 매립장, 폐선로, 폐도로, 폐정수장, 저수지, 미군 기지 등은 타 용도로 활용하기 어렵거나 공원으로 이용하는 것이 보다 적합한 대상지이다. 이러한 이유에서 도시공원은 최선의 선택지 중 하나이고

그림 2. 폐석산 부지를 활용한 상하이 진산식물원

현대 도시가 필요로 하는 공공성과 사회적 형평성social equity을 보완할 수 있는 중요한 도구인 것이다.

산업유산과 함께 알아두면 유익한 용어, 장소성과 역사성 읽기의 중요성

조경 디자인을 하다보면, 산업유산 외에도 유사한 용어를 빈번히 들어보았을 것이다. 대표적으로 post-industrial site, manufactured site, abandoned site, unused site, contaminated site, brown field, 공장 이적지, 유휴 공간, 군기지, 폐정수장 등의 예가 있다. 이러한 단어는 모두 앞서 설명했던 산업화와 근대화 과정에서 발생한 토지와 시설을 일컫는 말이다. 위 용어들은 3가지 관점으로 구분해 볼 수 있는데, 첫째는 그 장소가 간직하고 있는 역사성과 장소성이다. 다만 다수의 사례에서 여전히 역사성과 장소성을 혼재하여 사용하는 경향을 보인다. 둘째는 유휴 공간, 이적지 등처럼 기능에 대한 재생적 관점에서 살펴볼 수 있다. 마지막은 브라운필드로 대표되는 산업 시설 이용 과정에서 발생한 오염된 장소를 의미하며 환경 복원 측면에서 접근한다.

사실 앞서 설명한 공원 모두가 산업유산은 아니다. 엄밀히 말하자면, 우리가 다루는 공원화 대상지는 근대화와 산업화 과정에서 남겨져 새로운 재생이 필요한 토지, 구조물과 경관 자원이다. 따라서 그 장소의 모든 것이 역사적 가치가 있는 것은 아니며, 산업유산이라고 해서 꼭 문화재처럼 보전 대상일 필요는 없다. 일부는 보존을 위한 문화재적 가치가 있지만, 대부분의 경우 역사성이 적거나 또는 그 지역의 고유한 장소성을 보여주는 경우가 보다 많다. 산업유산은 전통유산과 달리 보존보다는 활용이, 개별 건축물

보다는 주변의 경관과 환경을 함께 고려하는 것이 중요하다. 이러한 측면에서 건축가나 역사학자보다 장소를 세심히 읽고 경관을 다루는 조경가는 산업유산을 보다 익숙하게 잘 다룰 수 있다.[5] 여기서 산업유산을 전면에서 설명하고 있는 이유는, 그 산업 경관이 간직한 강렬함과 독특함이 있기 때문이다. 산업유산은 우리가 일상적으로 경험하지 못하는 장소의 경험을 제공한다. 거대하고 복잡한 기계 장치와 구조물은 경외스럽기도 하고, 붉은 녹과 부서진 콘크리트, 그 사이사이의 생명력 있는 식물은 알 수 없는 향수와 친근함을 제공한다.

문제는 조경가가 산업유산의 역사성과 장소성이 있는 장소를 분명 많이 다루면서도, 의외로 많은 사례에서 대상지의 역사성과 장소성을 읽어내는 것에 소홀한 경우가 많다는 점이다. 대표적으로 부산시민공원(전 하야리아 미군 기지) 사례를 들 수 있다. 공원 조성을 위해 국제설계공모전을 진행하였고 '기억'이란 주요한 컨셉을 포함하였음에도 불구하고 실제로는 기억 상실의 설계안을 보여주었다. 다행히 시민들의 자발적 운동을 통해 건축물, 트랙, 수목 등을 보전할 수 있었다. 설계자가 읽어내지 못한 기억의 장소를 시민 스스로 지켜낸 셈이다. 조경가가 장소성과 역사성 읽기를 소홀히 하지 말아야 할 이유이다. 어찌되었든 앞으로 우리가 다루는 대부분의 대상지는 작든 크든 과거의 장소 기억을 간직하고 있음을 생각해야 할 것이다.[6]

국내 산업유산의 공원화 흔적 읽기, 그리고 주목해야 할 유형들

한국에서 산업화 관련한 도시공원의 조성 사례는 1970년대부터 살펴볼 수 있다. 1970년 박정희 전 대통령은 기존 호화 골프장인 서울컨트리구락부를 이용한 어린이대공원(1973) 조성을 지시하였고, 서울대학교 문리대학 이전 후 마로니에공원(1976)을 조성하였다. 당시 기록에서도 도시 내 이전 적지는 대형 공원 조성에 유리하다고 설명하고 있다(조선일보, 1978.6.28.; 1986.4.12.). 1980년대에는 서울이 확장하며 과거에는 외곽이었던 영등포 일대의 공장이 도심으로 포함되며 이전 논의를 진행하였고,[7] 공군사관학교를 이전한 보라매공원(1986) 등을 조성하였다. 1990년대 들어서며 본격적으로 공장을 이전하였고 OB맥주 공장 부지에는 영등포공원이, 성진유리 공장 부지에는 매화공원 등이 만들어졌다. 2000년은 한국의 산업유산 개념이 활발히 전개되는 시작점이다. 대표적으로 선유도공원은 산업유산을 어떻게 활용할 수 있는지 보여주는 중요한 선례가 되었고, 이후 조경을 비롯한 환경 설계 분야에서 산업유산 활용에 많은 영감을 주었다. 주로 산업 시설물(발전소, 공장 이적지, 창고, 항만, 철도 등), 환경 기초 시설(정수장, 급수탑, 쓰레기 매립장, 재활용 시설 등), 군 이적지 등이 주를 이뤘다. 정수장 부지를 재활용한 서서울호수공원, 폐철로를 이용한 광주 푸른길, 담배를 생산하던 청주 문화제조창, 이적지 재개발인 서울숲과 북서울꿈의숲, 춘천 시민공원(구 캠프페이지), 용산공원 등을 비롯한 수많은 군기지 공원화 사례가 있다.

　사실 2000년대 중반 이후 앞서 말한 곳과 달리 잘 알려지진 않았지만 의외로 그 수가 증가했던 사례도 있다. 대표적으로 환경 기초 시설인 쓰레기 매립장과 저수지의 공원화 사례가 있다. 쓰레기 매립장의 경우 매립 기간이 예상외로 짧다. 2010년 기준 2030년까지 약 1,300개소의 쓰레기 매립지가 발생할 것으로 추정하고 있는데, 쓰레기 매립장의 특성상 타 용도로의 활용이 용이치 않아 주로 공원이나 골프장을 조성하고 있다. 대표적으로 청주

문암생태공원, 인천 드림파크CC 등이 있다. 저수지의 경우는 기존 도시의 범위가 확장하며 과거 교외 유원지 정도로 이용되었던 곳이 도심의 일상적 도시공원으로 변화하고 있다. 전국 약 17,500개의 저수지 및 관련 시설이 있다는 것을 감안하면 앞으로 지속적으로 공원화 수요가 증가할 것이다. 앞으로 가장 주목해야 할 장소는 바로 폐도로이다. 기존의 곡선형 도로를 직선화하고, 대체 도로에 의해 버려진 고속 도로, 교통 문제 해결을 위한 도로의 지하화, 하천 주변 고가 도로와 고속 도로 등의 기능 전환 요구로 인해 전국적으로 도로 재이용에 대한 요구가 급증하고 있다. 다만 도로가 가지는 고유한 장소성을 해석하는 것이 중요하다. 특히 폐도로의 경우 도시 외곽에 위치한 선형 공간인 경우가 많아 기존의 익숙한 설계 방법이 아닌 새로운 공원의 역할과 성격을 부여할 필요가 있다. 그 외, 곳곳에 방치되고 있는 폐터널, 폐광산과 폐채석장 등도 조경적 해법이 적용될 필요가 있는 장소들이다. 하지만 꼭 이러한 유휴 공간이 도시공원이어야 할 이유는 없다. 실제 태양광 등을 설치하거나 생태 복원을 하는 경우도 많다. 다만 도시의 공원은 분명히 현 시대가 요구하는 공공성과 사회적 형평성을 공급할 수 있는 중요한 매개체임을 명심할 필요가 있다.

이처럼 도시의 산업화 과정을 면밀히 읽게 되면 앞으로 우리가 다루어야 할 공원화 대상지를 찾아낼 수 있다. 다만 그 장소가 가지는 잠재적 가치와 가능성을 읽고 시대의 요구를 파악해야 한다. 주어진 공간을 설계하는 것이 아닌, 조경가의 시선에서 보다 감각적이고 창의적인 상상력을 발휘하여 능동적으로 이슈를 선도할 수 있는 구체적 재생 방법을 보여주어야 할 필요가 있다.

그림 3. 폐정수장 구조물을 활용한 선유도공원

조경가의 시선으로 산업유산 다시 상상하기

산업유산은 그 장소의 메타포가 강렬하여 문화 예술과 결합하는 경우가 많지만,[8] 그만큼 다른 시선이 적다는 것은 아쉬운 부분이다. 다른 각도로 몇 가지 빈약한 생각을 꺼내보며, 향후 조경가를 꿈꾸는 여러분이 보다 멋진 상상력으로 산업유산의 활용에 대한 새로운 시선을 열어주기를 기대해 본다. 여기서는 상징과 기능을 이용한 도시 재생, 창의 산업과 생태 녹지축, 작동하고 있는 산업 경관을 상상해본다.

산업유산과 공원으로 도시 재생하기, 정선 카지노와 엠셔파크

엠셔파크Emscher Landscape Park와 강원랜드는 우리가 상상해볼 수 있는 대표적 사례이다. 여느 선진국과 마찬가지로 한국 또한 과거 산업의 중심이었던 광산업이 쇠퇴하였다. 그리고 쇠락한 광산 도시를 어떻게 재생시킬 것인가에 물음을 받게 되었다. 독일에서는 IBA 엠셔파크 프로젝트를, 그리고 한국의 강원도 정선에서는 내국인 카지노인 '강원랜드'를 선택하였다. 과연 카지노는 도시 재생에 있어 최선의 선택이었을까? 결과적으로 강원랜드 주변에는 사채업자와 저당 잡힌 차가 즐비하고 유흥 주점이 가득하다. 아마도 그런 환경에서 자란 아이들은 건강하게 성장하기 어려울 것이다. 유사한 상황을 경험한 독일의 대표적 조경가 피터 라츠Peter Latz는 '공원'이라는 기능과 상징성을 이용하여 라인강 주변의 도시와 산업 시설을 공원이라는 큰 그릇 속에 담아 문화적으로 재생할 수 있는 구체적이고도 통합적인 방법을 제시하였다. 여기서 기억해야 할 중요한 점은 공원을 푸르른 '녹지green'만으로 한정하지 않고 상징적 '그릇'으로 이용하였다는 점이다.[9] 그렇기에 그 속에는 유네스코 세계문화유산으로 등재된 졸페라인Zollverein, 노후 산업 구조물을 재활용한 문화 시설과 예술 작품, 생태적이고 오염 물질을 제거하는 식생 디자인과 정원, 지역 문화를 재생산해주는 대학 등을 통합적으로 기획하여 도시 재생을 선도할 수 있었다. 만약 강원도 탄광 지역을 좀 더 넓게 조경가의 시선으로 마스터플랜을 계획하여 선도하였으면 어떤 모습일지 상상해보자. 지금의 트렌드라면 '강원 산업유산 국가 정원' 정도로 다시 계획해볼 수 있을 것이다.

세운상가와 창의 산업, 그리고 옥상정원을 이용한 생태 녹지축 만들기

우리와 유사한 시기 산업유산에 관심을 보인 상하이의 도시 전략은 주목할 만하다. 상하이는 황푸강 주변의 산업유산을 활용하여 '창의산업공원Creative

Industrial Parks'이란 주제로 다양한 창의 관련 산업체와 일자리를 함께 창출하고 있다. 한국은 세운상가와 주변의 입정동, 인현동 등의 산업 생태계를 접목할 수 있다. 최근 유사한 활동을 서울시에서 지원하고 있어 그 부분을 본고에서는 제외하더라도, 한 가지 더 조경가가 제안할 수 있는 부분이 있다. 옥상의 공중정원 복원이 그것이다. 김수근의 세운상가 설계가 잘 되었는가는 제쳐두고, 초기 안에서 그는 상층부 옥상공(정)원을 계획하였다.[10] 과거 오○○ 시장은 건축물을 철거하고 녹지축을 조성하려 했지만, 사실 비용적인 측면이나 산업유산의 장소성과 역사성 보전 측면을 고려하면 매우 안타까운 선택이었다. 오히려 산업유산인 세운상가가 가지고

그림 4. 바로 세운 공중정원 상상하기, 생태 녹지축과 서울의 새로운 조망 장소

있는 장소성과 역사성을 잘 보전하고 주변의 산업 생태계를 연계한 창의 산업을 유발함과 동시에, 상부 공간 약 1㎞를 생태 녹지축인 '바로 세운 공중정원'으로 복원한다면 그 가치가 보다 높아질 것이다. 단절된 서울의 남북 생태 녹지축을 연결할 수 있고, 아름다운 서울 야경을 배경으로 파티를 즐길 수 있는 세계 어디에도 없는 옥상정원 명소로 만들 수 있을 것이다.

작동하는 산업 경관 재발견하기

앞서 대다수 사례가 주로 기능이 저하되거나 재이용이 필요한 장소였다면, 현재 작동하고 있는 산업 경관 또한 새롭게 바라볼 수 있는 자원이다. 특히 현재 가동하고 있는 산업 경관은 도시의 정체성을 잘 드러내는 장소로 이용 가능하다. 이를 가장 잘 활용하는 도시 국가가 바로 싱가포르이다. 마리나베이샌즈 전망대에서 멀리 보이는 항만의 산업 경관은 잘 계획된 조망점이며 풍경이다. 저멀리 바다 위에 펼쳐져 있는 수많은 컨테이너선과 거대한 크레인은 발전하고 있는 싱가포르를 시각적으로 경험하게 해준다. 국내는 대표적으로 울산의 온산공단이 관심 가질 만한 산업 경관이다. 그 외 부산역에서 멀리 내려다보이는 항만 풍경과 고속도로를 달리며 보이는 다양한 산업 경관도 활용 가능하다. 이러한 자원은 아직 산업유산은 아니지만 미래의 산업유산이며 동시에 지역의 정체성을 담아줄 수 있는 중요한 경관 자원인 것이다.

이처럼 산업유산은 낯설지만 가까운 곳에 있다. 그것을 어떤 방향과 깊이로 보는가에 따라 조경에서 접목할 수 있는 방법은 다양하다. 그리고 장소의 기억을 간직하고 있는 대상지를 어떻게 읽고 활용할 것인지 또한 우리의 몫일

그림 5. 울산의 산업 도시 정체성을 시각적으로 보여주는 온산공단 야경(©울산시)

것이다. 조경가는 주변의 환경과 경관을 포괄적으로 읽고 그 장소의 흐릿한 기억조차 감각할 수 있게 해줄 수 있음을 잊지 말자.

1. 산업 혁명이 시작된 영국에서 1950년대 보전 논의가 시작되었고, 한국은 90년대 후반을 시작으로 2000년대 본격적 논의가 진행되었다. 초기 용어는 산업 기념물, 산업 고고학, 기계유산 등으로 전개되었으나 이후 산업유산으로 정착하였다. 2003년 세계산업유산보전위원회인 TICCIH(The International Committee for the Conservation of the Industrial Heritage)는 산업유산헌장(The Nizhny Tagil Charter for the Industrial Heritage)을 선언하였다. 일본에서는 산업화 유산(토목 유산), 중국은 공업 유산 등의 용어를 사용하기도 한다.

2. 일부 서구 유럽을 제외하면 사실 대부분 산업 혁명이 아닌 식민지 과정에서 산업화 되었다.

이에 한국을 비롯한 아시아, 아프리카 및 동유럽 등은 식민지를 경험한 식민지 산업유산과 이후 자생적으로 형성시킨 산업유산을 구분하여 해석해야 한다. 한국은 60~80년대 한강의 기적으로 일컫는 산업유산과 80년대 이후 세계 산업사에 편입된 이후의 산업유산에 주목할 필요가 있다.

3. 산업 혁명은 인류 문화를 뒤바꾼 혁신적 사건이었지만, 급속한 산업화로 인해 도시로 이주해 온 수많은 사람들은 인간답지 못한 환경에 방치되었다. 이러한 사회적 문제를 해결하기 위한 공간적 해법으로 옴스테드는 대형 공원인 센트럴파크와 녹지 네트워크인 에메랄드네크리스를 제안하였고, 유사한 방식으로 윌리엄 모리스(William Morris, 1834-1896), 에버니저 하워드(Ebenezer Howard, 1850-1928) 등은 정원도시(Garden City)를 대안으로 보여주었다. 즉, 시대의 문제를 개선하고 적응하기 위한 대안으로써 오픈스페이스라는 매개체를 활용하였다.

4. 안양 삼덕제지 공원화는 대표적인 기부 사례이지만 가장 아쉬운 선례이기도 하다. 고 전재준 삼정펄프 회장은 자신의 삶과 함께해 온 300억 상당의 토지와 공장을 지역 사회에 2003년 환원하였다. 당시 전 회장은 자신의 삶과 같았던 공장의 시설 일부를 보전(기억)해 줄 것을 요청하였으나, 당시 지자체와 의사결정자의 의식 부족으로 지하주차장 건설을 위하여 전면 철거하였다. 이후 창업자가 반발하자 그제야 새로 작은 굴뚝을 재건축하였지만, 이미 소중한 장소성과 역사성은 사라져 버렸다. 만일 삼덕제지 공장의 장소성과 역사성을 잘 보전하여 도요타박물관이나 노리타케의숲과 같은 기업 박물관형 공원을 조성하였다면, 새로운 기부 문화를 유도할 수 있는 매우 중요한 선례로 남았을 것이다.

5. 태릉선수촌의 사례를 살펴보자. 태릉선수촌의 근대 문화유산 가치 평가에 있어 건축적 관점으로 보면 보전 대상(역사적 건축물)이 많지는 않다. 사실 우리에게 태릉선수촌은 근대 엘리트 체육의 '기억의 장소, 터'로써 보다 많은 가치가 있다. 근대를 살아온 한국민이라면 올림픽에서 금메달을 따내는 모습을 보며 함께 울고 기뻐했던 집단 기억을 공유하고 있을 것이다. 이에 건축물뿐만 아니라, 그곳의 운동장, 트랙, 지옥의 훈련 코스 등 또한 보전해야 할 중요한 문화유산일 것이다.

6. 많은 조경가는 장소의 기억과 흔적을 읽고, 어떤 기억을 남겨둘 것인지 선택의 과정을 경험하게 될 것이다. 예를 들어, 선유도공원에서는 겸재 정선의 화폭에 보이는 선유정의 전통에 대한 기억과 산업화 이후의 정수장에 대한 장소 기억의 경합 과정이 있었다. 그리고 설계자는 근대 산업화의 기억을 선택하였고, 현재의 선유도공원은 근대 산업화의 장소 기억을 대중과 공유하고 있다.

7. 당시 대원산업, 대신화학 등 소규모 공장을 이전하여 아동공원으로 조성하였다.

8. 상하이조각공원, M50, 따산즈798, 문래창작 예술촌, 인천아트플랫폼, 팔복예술공장, 부천아트벙커 B39, 삼탄아트마인, SEMA벙커 등의 사례가 있다.

9. 이와 관련하여 90년대 후반 산업유산을 이용한 에코뮤지엄(eco museum) 개념이 등장하며 유행하기도 하였지만, 이는 실내 박물관이 아닌 야외의 기존 건물을 활용하자는 의미로 문화, 산업, 일자리, 교육 등을 통합적으로 제시한 엠셔파크 프로젝트와는 차이가 있다.

10. 초기 안에서는 네 개의 공원과 갖가지 어린이놀이터, 그리고 시장이 배치된 열린 공간으로 계획하였다(손정목, 『서울도시계획이야기 1』, 한울, 2003). 최근 일부 공간을 옥상정원 조성이나 마켓을 여는 곳으로 활용하고 있다.

문화경관:
인간 문화와 자연 환경의 상호 작용

정해준

조경造景은 'landscape architecture'를 번역한 것으로, 경관景을 만든다造는 의미의 한자어이다. 한국 전쟁으로 헐벗은 국토 환경 복원에 작동하기 시작한 조경은, 1970년대 이후 압축적 성장의 경제 논리로 무분별하게 지어지는 건축물과 각종 구조물에 의해 급속하게 소멸하는 우리 고유 경관 지키기의 유일한 대안이 되어왔다. 1990년대 중반 1인당 국민 소득이 1만 달러를 넘어서면서 우리의 정체성을 되찾기 위한 노력이 고유의 금수강산을 되살리고 역사 환경을 복원하는 운동으로 이어지고, 높아진 소득 수준에 맞는 삶의 질에 관한 관심으로 조경은 급속한 양적 성장을 이룰 수 있었다. 그러나 두 자릿수 경제 성장률의 시대를 지나 성장 정체의 시대로 접어들고, 국민의 복지에 대한 열망은 높아지면서 공공재인 경관의 중요성에 대한 공감대가 형성되고, 이는 경관을 만들어가는 조경에게 새로운 도전이 되고 있다.

'경관'이라는 말은 이제 우리 일상생활에서도 흔히 쓰이는 말이 되었지만 이를 정의하자면 쉽지가 않다. 시각적, 문화적 차원으로 좁혀서 볼 때도 경관이라는 것은 '보이는 대상'과 '보는 주체'의 양자 간의 관계 속에서 성립한다. 즉, 경관은 산이나 바다와 같이 저 혼자 존재하는 물리적 대상 그 자체만으로 성립할 수 있는 것은 아니며, 언제나 주체인 사람의 보는 행위 및 그에 대한 인식을 전제로 성립하는 것이라는 뜻이다. 이렇듯 '경관'은 보는 주체의 주관적 심상이 담긴 것으로, 혹은 보는 사람의 심성에 배어 있는 역사와 문화를 대변하는 것으로, 그들이 속한 '사회적 가치social values'[1]를 나타낸다. 따라서 똑같이 보는 자연도 자연 그대로가 아니라 자연을 바라보는 주체의 문화적 스펙트럼에 따라 그 가치가 달라질 수밖에 없다. 이렇게 경관은 인간과 인간을 둘러싼 장소place와의 상호 작용 때문에 발생하는 개념으로, 경관을 인식하는 사람이 경관과 어떠한 관계를 맺고 있는지, 경관 속 거주자인지, 외부자인지, 경관이 어떠한 지형적 특성, 혹은 문화권에 속해 있는지 등에 의해 다양한 의미로 해석된다. 따라서 경관을 정의함에 있어 명확한 개념으로 정리하여 그 뜻을 포괄적으로 설정하기는 매우 어렵다.

경관

영어로 'landscape'를 번역한 '경관景觀'이라는 단어는 한국을 비롯한 동아시아 국가들에 통용된 지 100년이 채 되지 않는다.[2] landscape는 서양 중세 시대에 일정 지주 또는 특정 집단에 의하여 소유된 지역을 뜻하는 'landscipe'에서 유래되었다. 근대적 경관 개념은 플랑드르 지역과 북부

그림 1. 윌리엄 터너(J. M. W. Turner), 〈라비 성, 달링턴 백작의 거처(Raby Castle, the Seat of the Earl of Darlington)〉, 1817, Walters Art Museum

이탈리아로 대표되는 르네상스기 자본주의의 발생지에서 처음 그려졌던 풍경화landscape painting에서 시작된다. 유럽 대륙 너머 18세기의 패권 국가 영국에서도 풍경화는 지식인 사이에서 유행이었다. 예술가, 철학자, 문인 등 계몽 사상가들은 풍경화 문화에 영향을 받아 자연을 예술품과 같이 '아름다움beauty'을 지닌 대상으로 인식하게 되었다. 이들에게 자연의 '아름다움'이란 토지 소유주나, 디자이너에 의해 의도적으로 정리되고ordered, 길들여지며tamed, 혹은 만들어진rendered 대상이었다. 반대로 원시적이거나, 야생의 상태일 때는 '숭고미sublime'라는 미학적 개념으로 해석했다. 이렇게 자연의 '아름다움'과 '숭고미'는 엘리트층인 계몽 사상가에게 철학적 탐구의 대상이었다. 이에 대한 실천적 담론으로 당시 무분별한 개발에 의한 생활 환경 파괴에 신음하던 영국에 자연의 아름다움과 전원의 풍요로움을 되찾아 줌으로써 치유하고자 한 풍경 운동, 즉 이른바 픽처레스크picturesque 운동으로 이어졌다.

 '경관'은 최근 한자 문화권에서 두루 사용되고 있으나, 경관보다 더 친근한 단어는 '풍경風景'이 아닐까 한다. 풍경은 바람이라는 뜻의 '풍風'과 햇빛에 비치는 사물을 의미하는 '경景'으로 이루어진 단어로 '보이는 것'을 강조한 단어라 할 수 있다. 보이는 대상으로서의 '경景'과 보는 주체의 인지적 행동으로서의 '관觀'이 결합한 단어 경관은 대상 자체가 객관적으로 아름다운 조건을 갖추고 있어야 하는 것과 동시에 보는 사람 개인이나 집단이 주관적으로 아름답게 느끼는 인식의 영역, 즉 인간이라는 인식의 주체를 중심에 둔 단어라 할 수 있다.

경관의 시점

경관에 대한 사회과학적 개념 정립과 중요성에 대한 인식은 20세기 초 서유럽의 자연 보존 운동에서 기원한다. 과거 자연생태학적 접근 위주에서 1980년대 인간 생태학적 접근이 대두되면서, 경관은 자연적 요인과 더불어 인간적 요인의 존재에 대한 인식, 그리고 자연과 인간의 상호적 작용을 총체적으로 인지하는 개념으로 자리 잡게 되었다. 오늘날, 경관은 눈에 보이는 자연 및 인공 풍경 모두를 포함하여 토지, 자연 생태계는 물론, 인간의 사회적, 문화적 활동을 내포하는 포괄적이고 유연성 있는 개념으로 확대되었다.

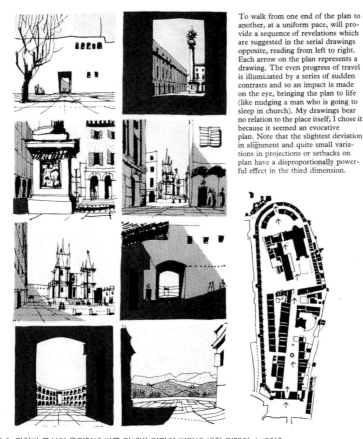

CASEBOOK: SERIAL VISION

To walk from one end of the plan to another, at a uniform pace, will provide a sequence of revelations which are suggested in the serial drawings opposite, reading from left to right. Each arrow on the plan represents a drawing. The even progress of travel is illuminated by a series of sudden contrasts and so an impact is made on the eye, bringing the plan to life (like nudging a man who is going to sleep in church). My drawings bear no relation to the place itself; I chose it because it seemed an evocative plan. Note that the slightest deviation in alignment and quite small variations in projections or setbacks on plan have a disproportionally powerful effect in the third dimension.

그림 2. 관찰자 동선의 움직임에 따른 단계별 경관의 지각에 대한 컬렌의 스케치3

경관을 받아들이는 사람의 관점에서 해석하려는 이론적 관점은 크게 지각적 접근 방식과 인지적 접근 방식으로 나눌 수 있다. 경관에 대한 지각적 접근은 19세기 건축가 메르텐스Maertens, 일본의 건축가 이시하라 등에 의해 활용되었으며, 영국의 고든 컬렌Gordon Cullen에 의해 발전된 이론적

한국 조경의 새로운 지평

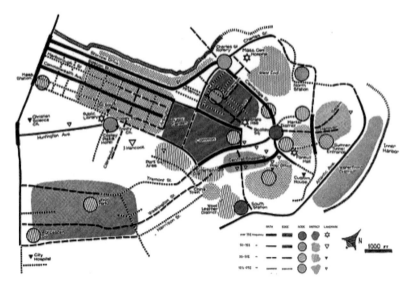

그림 3. 인터뷰를 바탕으로 한 미국 보스턴 지역 주민의 경관 인지에 대한 이미지 맵핑4

관점으로, 인간의 눈높이에서 지각되는 정주 환경의 특징으로서의 경관 개념에 주목한다. 경관에 대한 인지적 접근은 감각 기관에 의해 지각된 도시의 모습이 심상에 어떻게 재현되느냐에 주목하는 이론적 관점으로 케빈 린치Kevin A. Lynch 등이 이러한 이론의 선구자라고 할 수 있다. 결국, 경관이란 물리적 환경이 인간의 시각을 통해 받아들여진 후 마음속에서 형성되는 일종의 이미지 혹은 인식이라고 할 수 있다.

문화경관

앞에서 살펴보았듯이 경관은 인식perception이라는 인간의 문화적 사유 활동이 전제되는, 그 자체로 이미 문화적 산물이다. 그런데도 굳이 경관 앞에

'문화'를 붙인 '문화경관cultural landscape'이라는 용어는 심미적 혹은 문화적 대상으로서의 경관, 인간과 자연의 상호 작용에 의한 산물이면서 과정이기도 한 경관의 다양한 문화적 속성을 강조한다. 근래 들어와 문화경관이 주목받게 된 것은 결국 그 다양한 속성에 대한 이해를 바탕으로 경관에 내재한 유무형의 사회적·문화적 가치의 보전이야말로 지속가능성의 필요조건이라는 공감대가 형성되었기 때문이다.

산업화, 도시화로 인한 무분별한 개발이 불러온 환경 파괴 문제를 어느 지역보다 일찍 고민하기 시작한 서구권에서는 1970~80년대부터 환경 보호 운동을 통해 개발의 속도를 조절하고, 생태적으로 민감한 지역을 보호하고자 하였다. 그러나 인간과 자연의 상호 작용으로 이루어진 경관을 보호하는 데 있어, 물리적 생태 환경 보존에 집중된 정책 방향은 오히려 지역 경관에 대한 불균형한 시각을 초래했다. 부작용으로 지역 주민의 일상의 터전에서 문화적으로 인식되고 의미가 부여된 경관 자원들이 자연 보호를 이유로 무시되고 파괴되는 현상이 빈번하게 발생하게 되었다.

이러한 문제 인식은 국제기구의 관련 흐름에서도 찾아볼 수 있다. 1972년 스톡홀름에서의 '유엔UN 인간 환경 회의'를 필두로 1992년 '유엔 환경과 개발에 대한 회의'에서 채택된 '리우 선언'과 '의제21Agenda21'에서 본격적으로 논의되기 시작한 '지속가능성'에 대한 개념이 인류의 삶의 배제된 환경중심주의Ecocentrism로 흐르면서 '지속가능성'에 대한 회의론이 대두되기 시작하였다. 이에 대한 대응으로 2001년 유네스코UNESCO에서는 '세계 문화 다양성 선언Universal Declaration on Cultural Diversity'을 발표하면서 인간과 자연이 상호 작용을 통해 축적해 온 문화 다양성을 보존하는 것이야말로 인류의 지속 가능한 삶의 전제 조건이라는 균형 잡힌 시각을 제시하였다. 주민이 밀실 행정과 규제 일변도의 정책에 억압받는 것이 아니라, 문화의 주체로써 민주적인 방법으로 문화 다양성 보전에 적극적으로 참여하는 방안을 찾을 것을 주문하고 있다. 경관 자원의 지속가능성을 위한 계획·이용·보전에 관한 국제적 논의에서도 본격적으로 생태적 다양성과 문화적 다양성을 바탕으로 한 '경관의 다양성' 보존이 주요 의제로 다루어졌으며, 이는 최근 유네스코의 '플로렌스 경관 선언Florence Declaration on Landscape' 등 국제기구 차원의 움직임에서도 확인된다.

사실 문화경관이라는 용어를 학문적으로나 대중적으로 확립시킨 것은 독일 출신의 미국의 버클리대학 문화지리학자 칼 사우어C. O. Sauer(1889-1975)였다. 그는 1925년 발표된 "경관의 형태학The Morphology of Landscape"이라는 논문에서 문화경관이란 천천히 변화하는 자연 경관이 인간 활동, 즉 문화적 프로세스cultural process에 의해 변화되는 결과가 가시적으로 나타나는 형태라고 정의하였다. 문화경관을 자연 환경에 인간의 활동, 즉 자연이라는 매개물medium에 문화적 동인agent이 가해져 가옥, 경작지, 도로 등의 요소가 경관이라는 공간적 틀 속에서 유기체적 총합organic whole의 결과로 나타난 것으로 본 것이다. 다시 말해 '인간과 자연의 합작품'인 경관은 지역이나 시간에 따라, 동인으로서의 문화와 매개로서의 자연이 서로 다르기에 다양하게 나타난다. 그러나 국제화, 도시화, 환경 파괴와 같은 급격한 경관 변화 동인은 도시 경관을 동일한 형태로 표준화시켜 인식 불가능한 정체성을 잃어버린 장소를 양산했고, 수 세기에 걸쳐 형성된 특유의 농촌 경관마저 수 년만에 완전히 다른 형태로 변형시켰다. 생태는 물론 문화 다양성의 보장이 지속 가능한 미래의 필수 조건으로 이해되면서, 이를 실현하기 위한 정책 대상으로써의 문화경관이 국제적으로 활발히 논의되는 것이다.

세계유산 문화경관

무엇보다 국제화와 환경 파괴로 인한 경관의 급격한 변화와 몰개성화를 전 세계적인 문제로 인식한 유네스코에서는, 유구한 세월 속에서 인류가 주변 환경에 적응하며 만들어낸 '자연과 인간의 복합체'인 문화경관의 '탁월한 보편적 가치Outstanding Universal Value; OUV'를 발굴하고, 경관 단위로 보전, 계획 및 관리하는 것이야말로 시대의 난제에 대한 해답으로 보았다. 1992년 유네스코에서 기존 유산 개념을 확장하여 살아 있는 유산living heritage, 즉 인류의 일상 영역을 다루기 위해, 문화경관 개념을 도입하게 되었다. 사실 1980년대 후반까지 구미 국가에서 문화유산과 자연유산의 보호 사이에는 어느 정도의 긴장 관계가 형성되어 있었다. 이러한 긴장은 동양의 가치관보다는, 오히려 자연과 미개지가 인간과 분리된 것으로 보는 서양의 과학적 사고의 연장선 위에 있다. 서방 세계의 가치관으로는 문화유산의 가치는 주로 거대한 기념물과 장소에 있는 것이다. 이러한 이분법적 사고에 의하면 문화와 자연은 불편한 관계에 있으며 때로는 서로를 의심하기까지 하는 불편한 동반자인 것이다. 실제로, 세계유산의 지정과 등재를 위해 탁월한 보편적 가치를 가진 유산 자산을 평가하는 '문화적 기준'과 '자연적 기준'은, 『세계유산협약의 이행을 위한 운영지침(2005)』에서 통합될 때까지 상호 분리되어 있었다.

이러한 시대적 배경 아래에서 '문화경관'이라는 용어가 공식적으로 등장한 계기는 영국에서 1984년부터 레이크디스트릭트 국립공원Lake District National Park을 세계유산으로 등재하려 했던 과정에서 찾을 수 있다. 세계유산으로 등재하려는 노력은 약 10년 동안 실패했는데, '자연적 장소(자연유산)'가 되기에는 너무나 변형되었으며 '문화적 장소(문화유산)'가 되기에는 너무나 '자연적'이었기 때문이었다. 1990년대까지 세계유산협약은 탁월한 가치를 가지는 경관유산을 인정하기에는 충분할 정도의 내용이 고안되어 있지 않았다(2017년 영국 레이크디스트릭트 국립공원으로 첫 세계유산 문화경관이 등재되었다). 이러한 상황에서 1992년 '세계유산 문화경관World Heritage Cultural Landscape'이라는 범주의 도입을 통해 문화와 자연의 오래된 이분법 헤게모니를 해결하고자 했다. 이 시도를 통해 결과적으로, 자연 환경으로부터 주어지는 물리적 제약 또는 기회와, 외부 및 내부 힘의 영향을 받으면서 오랜 세월에 걸쳐 진행된 사회적 진화 과정을 잘 보여주는 경관이 유산heritage의 대상으로 인정받았다.

세계유산 위원회의 운영 지침은 문화경관을 '대대로 이어지는 사회적, 경제적, 그리고 문화적 힘과 자연 환경의 영향 아래에서 인간 사회와 정주지가 오랜 시간에 걸쳐 진화되어 온 바를 뚜렷이 보여주는 것'으로 규정하면서, '지속 가능한 토지 이용의 특별한 기술, 정착한 자연 환경에 대한 특징과 한계의 고려, 자연에 대한 독특한 정신적인 관계를 반영'한다고 보고 있다. 문화경관은 그 성격에 따라 1)분명하게 규정된 경관clearly defined landscape, 2)유기적으로 진화한 경관organically evolved landscape, 그리고 3)연상적 경관associative landscape의 3가지 유형으로 나뉜다.

첫 번째 '분명하게 규정된 경관'은 정원 및 공원과 같이 심미적 이유로 인간에 의해 의도적으로 계획되고 디자인된 경관이며, 주로 조경가의 설계로 창조된 경관을 말한다.

문화경관의 두 번째 유형인 '유기적으로 진화한 경관'은 사회, 경제, 행정, 종교 등 다양한 배경과 목적으로 생성되어, 시간이 흐르면서 함께 변화, 적응하며 형성된 경관을 말한다. 이 유형은 현재의 진화 상태에 따라 '유적(화석) 경관relic(fossil) landscape'과 '지속되고 있는 경관continuing landscape'으로 다시 구분된다. '화석 경관'은 과거의 어느 특정 시점에서 진화 과정이 정지되어 중요한 부분의 물리적 형태를 육안으로 식별 가능한 경관이다. 고고학과 역사학 접근법이 가치 평가 및 해석 작업에 중요한 통로가 된다. '지속되고 있는 경관'은 경관과 관계하는 주민의 전통적 생활 방식과 밀접한 관계를 가지면서 현재도 적극적인 역할을 유지하고 있는 경관을 말한다. 이는 진화 과정이 여전히 진행되는 가운데 장기간 진화해 왔다는 사실을 입증하는 중요한 물질적 증거를 제시하고 있다.

마지막 세 번째 유형 '연상적 경관'은 물질적 문화가 거의 없거나 전혀 없는 상태에서 자연 요소에 대하여 종교적·예술적 또는 문화적 관련성을 강하게 가지는 경관을 대상으로 한다. 원주민이나 지역 토착민의 문화경관은 이 유형의 대표 사례로써 그에 내재된 무형적 가치가 중요하게 간주된다. 따라서 이 유형의 문화경관을 제대로 이해하기 위해서는 주로 인류학적, 민속학적 접근과 연구가 필요하다.

문화경관을 세계유산 목록에 지정할 때 적용하는 근거는 탁월한 보편적 가치, 즉 명확하게 규정된 공간적·문화적 범위와 관련된 대표성, 그리고

a. 분명히 규정된 경관: 아란후에스 문화경관
　(Aranjuez Cultural Landscape)

b. 유기적으로 진화한 경관 –지속되고 있는 경관:
　암보히망가 왕실 언덕(Royal Hill of Ambohimanga)

c. 유기적으로 진화한 경관 –화석 경관:
　블래나번 산업 경관(Blaenavon Industrial Landscape)

d. 연상적 경관: 통가리로 국립공원
　(Tongariro National Park)

그림 4. 문화경관 유형 및 예시(ⓒ유네스코)

그러한 지역의 본질적이고 독특한 문화적 요소를 예증할 수 있는 능력이다. 또한, 문화경관은 그것이 확립된 자연 환경의 특징과 제한을 고려하여 지속 가능한 토지 이용의 특수한 기법, 그리고 자연과의 특수한 정신적 관계를 반영해야 한다. 문화경관의 보호는 지속 가능한 토지 이용의 현대적 기법의 확립에 이바지할 수 있으며, 그 경관에서 자연적 가치를 유지하거나 향상할 수 있기 때문이다. 전통적 토지 이용 방법의 지속적인 보존을 포함하는 전통적 문화경관의 보호는 생물(학)적 다양성biological diversity을 유지하는데 기여한다.

조경가의 문화경관

2020년 6월 현재 세계유산은 167개국에서 총 1,121개가 지정되어 있다. 이 중 '문화유산'으로 분류된 869개 중에서 '문화경관'은 170개로 분류된다. 종류를 보면 전통적 농업 경관, 종교적·역사적 의미의 산지, 성지나 종교적 대상지, 역사 문화 루트, 원주민 문화 유적, 역사 도시, 산업 문화경관, 전통 마을, 공원 혹은 정원, 캠퍼스 등 다양한 문화경관이 포함되어 있다. '인간과 자연의 합작품'인 문화경관이라는 단위 공간 안에서 발생하고 교차하는 유무형의 다양한 가치를 발굴하고, 보전하고, 계획 및 관리하는 것을, 다양성이 상실되어가는 시대의 해결 방안으로 제시한 것이다. 문화경관 개념을 바탕으로, 생태적 건전성과 문화적 다양성의 증거인 '일상적 경관'이 정책의 대상이 되었다. 최근에는 이 개념이 도시 공간(예시: Historic Urban Landscapes) 및 소규모 공간에까지 확장되어 논의되고 있다. 문화경관은 경관의 다기능성multi-functionality, 즉 생태적, 경제적, 문화적, 역사적, 심미적 기능의 공존을 위한 보전과, 지속 가능한 활용에 경계를 초월하는 접근을 요구한다. 경관의 기능을 자연과 인간 사회에 혜택을 주는 방향으로 최적화하기 위한 도구와 방법을 찾아가는 여정에, 경관을 만들어가는 조경가의 관심과 실질적인 준비가 절실하다.

---

1. 사회적 가치에 관한 연구는 주로 공공공간, 문화재, 사회적 기업 등 공익성을 가지는 대상의 대중에 대한 중요성(significance) 및 유효성(validity)을 알아보기 위한 사회과학적 연구에 주로 등장하는 용어이다. '장소' 개념을 기반으로 역사 환경의 지속가능성을 사회적 가치 개념으로 모색한 오스트레일리아 ICOMOS의 '버라헌장(Burra Charter for Places of

Cultural Significance, 1999)'은 사회적 가치를 다음과 같이 정의하고 있다. "사회적 가치는 다수나 소수의 단체에 의해 공유되는 정신적, 정치적, 국가적 혹은 다른 문화적 정서 때문에 주목받는 장소의 질을 나타내는 것이다."

2. 독일에서 경관생태학을 공부하고 도쿄대학 식물학 교수로 재직한 미요시 마나부가 독일로부터 천연기념물 제도와 자연 보호 제도를 일본으로 도입하는 과정(1906)에서 독일어 란트샤프(landschaft)를 일본어로 번역한 단어가 '경관'이다. 당시 경관은 토지의 생김새나 이를 덮고 있는 식생 등 토지의 상태를 객관적으로 기술하려는 의도로 쓰였으며, 한국에서는 근대화를 거쳐 1970년대부터 본격적으로 통용되기 시작한, 비교적 신조어이다(강영조, 『풍경에 다가서기』, 효형출판, 2003).

3. Gordon Cullen, *Concise Townscape*, Routledge, 1961.

4. Kevin A. Lynch, *The Image of the City*, MIT Press, 1960.

5

식물, 디지털
그리고 조경 설계

조경 디자인 매체로서의 식물:
조경가의 가장 중요한 도구

조혜령 + 김아연

조경은 살아 있는 재료를 다루는 영역이다. 자연의 재료인 식물은 성장하고 변화하고 상호 작용하며 예기치 못한 상황을 촉발하는 역동성을 발휘한다. 낮이 가고 밤이 오듯이 새싹이 나고 꽃이 피며 열매를 맺는다. 아무리 작은 생명체 속에도 온 우주의 기운이 미쳐 생명의 작업은 지금 이 순간에도 우리 주변에서 작동하고 있다. 조경가는 자연과 식물 세계의 질서를 읽어 디자인에 반영한다. 식재 디자인은 식물의 생태적 특성과 심미적인 특질을 총체적으로 고려하여 자연을 재구성하는, 조경 설계의 핵심이자 이용자의 미적 경험을 상상하는 일이다. 조경가는 사람들이 경험하는 식물의 아름다움을 설계적 언어로 번역하는 사람이다.

식물과 식물 군집, 그리고 서식처

조경가는 생태적으로 건강하고 미학적으로 아름다운 장소를 구현하기 위해서 어떤 식물들을 선택할지 고민한다. 식물이 지닌 심미적이고 기능적인 특성은 매우 중요한 인자고, 이를 활용하여 사람과 장소 사이의 관계를 유지하거나 회복하는 임무를 수행한다. 그러나 가끔 식물 자체의 생리적·물리적 특징에만 집착하여 한 식물과 다른 식물 간의 상호 작용이나 서식처 간의 생태적인 과정을 간과할 때가 많다. 좋은 식재 디자인은 대상지의 식물 군집과 서식처에 대한 이해를 바탕으로 식물을 구성하는 생태적 방법을 선택한다. 식재 디자인은 자연의 과정을 이해하는 것이며 식물을 개체 단위로 접근하는 원예학과 구분된다. 조경가는 식물의 집단, 즉 '군집' 또는 '서식처' 형태의 식생 단위를 고려한다. 조경가의 상상 속에서 빚어낸 식물의 조합은 하나의 경관 형태 혹은 패치patch를 이루어 도시 속 수많은 서식 환경에 맞게 성장하며 작은 화단에서부터 정원, 초지, 소림疏林, 그리고 숲을 만든다.

식물과 공간 체험

식재 디자인은 장식을 만드는 과정이 아니다. 식물이 만드는 공간은 그림처럼 정태적이지 않다. 경관에 대한 몰입과 신체 활동을 유도하는 디자인은, 식재 디자인이 정지된 화면 혹은 장식과 같다는 편견을 깨는 매우 중요한 사항이다. 조경가는 적절한 식물을 선택하고 조합하여 이용자들의 감각과 감정을 작동시키며, 다양한 행위를 유도한다.

#1 식물의 형태

식물의 형태는 단순하지 않다. 보는 방향과 시점에 따라 달라지며, 이러한 형태의 상대성은 외부 공간 설계에 다양하게 활용된다. 거대한 참나무를 멀리서 바라보면 하나의 둥그런 실루엣으로 인지된다. 하지만 가까이 접근할수록 참나무의 울퉁불퉁한 형태가 드러나고 더 가까이 다가가면 복잡한 가지의 방향성과 선, 거친 표면, 각진 잎의 모양 등 세밀한 형상이 드러난다. 공중에서 바라보는 참나무는 어떠할까? 런던 큐가든Royal Botanic Gardens, Kew의 트리탑 산책로Treetop Walkway는 지상 18m 높이에서 숲의 복잡한 생태계를 내려다보며 관찰하는 체험의 기회를 선사한다(그림 1).

#2 식물이 만들어 내는 위요감

조경가 배리 그린비Barrie Greenbie는 한 공간을 둘러싸는 개방성의 정도가 위요와 감옥의 차이를 만들며 완벽한 차단과 통제만이 공간을 만드는 유일한

그림 1. 큐가든 트리탑 산책로

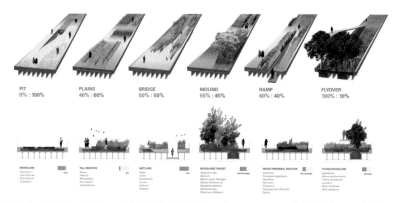

그림 2. 필드 오퍼레이션과 딜러 스콜피디오+렌프로(Diller Scofidio + Renfro)의 식재와 포장 다이어그램 (2004)[2]

방법이 아니라고 주장한다.[1] 이것은 공간 내에서의 '소통' 또는 '관계성'을 통해 시야와 물리적인 움직임을 조율하여 위요감의 농도와 투과성을 결정짓는 것을 말한다. 예컨대 좁은 숲길을 빠져나와 펼쳐지는 호수에 다다르게 하거나, 전망대에서 외부 공간의 한계점 너머까지 관심을 끌게 유도하는 식재 디자인은 이용자에게 특별한 장소감과 체험을 제공한다.

#3 걸으면서 느끼는 식물의 전개

맨하탄을 관통하는 2.4km의 산책로 하이라인High Line의 독특한 식물상 전개는 도심 빌딩숲과 교차하며 특별한 산책 경험을 선사한다. 제임스 코너James Corner의 필드 오퍼레이션Field Operations과 원예가 피트 아우돌프Piet Oudolf가 공동으로 설계한 하이라인의 식재는 자연스러운 파종으로 만들어진 조성 이전의 경관self-seeded landscape을 존중하며, 천이형상의 시퀀스를 식재 계획spontaneous vegetation으로 현상안에 담았다(그림 2).

그림 3. 하이라인의 정원별 식물 가이드

풀, 야생화, 관목, 교목이 어우러진 다채로운 서식처 풍경은 독특한 포장 계획hardscape과 더불어 산책의 즐거움을 배가시킨다. 잡목숲의 오솔길을 걷다 어느 순간 키가 큰 목초지를 만나고 햇빛에 반짝이는 허드슨강을 조망하는

그림 4. 하이라인의 식재디자인(ⓒ조혜령)

선데크와 물의정원에서 휴식을 취할 수 있다. 경사로와 플라이오버fly over 동선의 변주는 하이라인의 식생 경험을 조금 더 적극적으로 유도한다(그림 3, 4).

식물과 시간 체험

생명체는 변화한다. 살아 있는 것은 태어나고 성장하며 노화하고 소멸한다. 식재 디자인은 변화를 디자인하는 것이며, 따라서 시간을 디자인한다. 조경가는 공간에서 변화에 저항하는 재료와 식물을 병치하여 시간성을 표현하기도 하고(선유도공원의 '녹색 기둥의 정원'이 그렇다), 계절별로 꽃이 피고 단풍이 들며 심지어 가을에 말라비틀어진 식물의 아름다움까지도 고려하여 설계한다. 식물은 디자인을 통해 공간에 도입되기도 하지만, 자연의 힘으로 스스로 새로운 경관을 형성하기도 한다(그림 5). 식물은 공간과 시간을 넘나드는 상상력을 거쳐 자연이라는 거대한 시간 스케일과 계절의 변화 속에 우리를 위치시킨다.

식물, 문화 코드

조경가는 자신만의 디자인 원칙에 따라 식물을 해석하고 배열한 결과물을 대중에게 선사한다. 이때 디자인 원칙은 전문가의 이론적, 경험적 토대와 더불어 디자이너 안에 축적된 개인사, 인생관, 애정, 시도, 실수, 성공 등의 특수한 경험으로 형성되는 것이다. 2018년 서울식물원 온실 특별전 '식물탐험대'는 이러한 디자이너의 식물에 대한 디자인 원칙을 볼 수 있는 사례다. 근대적 식물원 탄생에 얽힌 식물과 식물 탐험가 등에 얽힌 문화사를 시민들에게 알리기 위한 목적으로 준비한 연구 기반 전시[3]로, '식물탐험의 시작,' '탐험대의 현장 연구소,' '정원사의 비밀의 방,' '탐험대의 임시 캠프' 등의 거점 공간과 더불어 인류가 열대와 지중해의 대표적인 식물과 오랫동안 관계 맺어 온 방식에 대한 이야기를 전시 공간에 풀어냈다. 식물이 주는

그림 5. 베를린 쥐트겔랜데 자연공원(Natur-Park Südgelände, ⓒHanson59)

실용적인 이익에 대한 감사에서부터 식물이 주는 감각의 자극과 감정의
동요에 이르기까지, 그동안 주의 깊게 보지 못한 식물 문화사를 보여준다.
또한, 공상 과학 소설가인 쥘 베른의 『80일간의 세계 일주』에 등장하는
열기구를 도입하여 전시 온실 전체를 식물 탐험의 서사가 펼쳐지는 세계로

그림 6. 서울식물원 임시 개방 기념 특별 전시 '식물탐험대'(ⓒ유청오)

한국 조경의 새로운 지평

기획했다(그림 6).

조경가는 식물의 과학적, 역사적 맥락을 이해하여 문화적인 측면에서 식물을 향유할 수 있는 길라잡이를 제시할 수 있다. 이러한 측면에서 공공정원인 식물원이 사회적 역할을 수행하고 식물 문화 생성의 발전소로 기능하도록 하는, 감각적이자 전문적인 안내자로 활동하게 된다.

올해의 식물

조경가는 거래하는 농원에 들러 농장주에게 묻곤 한다.

> "○○공원에서 이번에 겨울 정원 하나 조성한다고 하는데, 뭐 신박한 식물 소재
> 하나 추천해줘 봐요."
> "작년에 조직 배양으로 들어온 상록사초Carex가 있는데 이미 풍토 실험을
> 마쳤어요. 내한성이 기가 막혀요. 골드색도 있고, 하얀 줄무늬도 있고…."

그는 어깨를 으쓱거리며 네덜란드 피트 아우돌프의 너서리nursery에서 정식 라이선스를 받은 품종이라며 학명botanic name으로 소개한다. 식물 전문가는 이름에 몹시 집착하는 경향이 있다. 특히 라틴어 학명으로 명명하는 것은 어떤 식으로든 식물에 존엄성을 부여하는 매우 의식적인 태도다.

대부분의 조경가는 자신이 자주 쓰는 식물 리스트를 가지고 있지만 새로운 소재에 대한 도전도 즐긴다. 매년 5월 열리는 영국의 첼시 플라워 쇼에서 소개하는 '올해의 식물Plants of the Year'은 눈여겨볼 만하다. 2000년대 들어 자연주의, 자연정원을 지향하는 정원작가가 등단하며 다양한 그라스grass가

정원에서 보이기 시작했다. 몇 해 전에는 산형과 식물Umbelliferae이 인기를
끌었다. 식물 역시 유행을 탄다. 최근 우리나라 정원박람회 기간에는 심심치
않게 버들마편초와 털수염풀이 단골 메뉴로 등장한다.

다시, 자연

인간에게는 자연의 아름다움을 끊임없이 재현하고 소유하고 향유하고
싶어하는 욕망이 있다. 자연이 가진 아름다움의 근본을 따지고 탐색하는
미학적 태도는 조경이라는 창작 활동의 근원적인 틀과 실천 방향을 제시한다.
자연을 이해하고 탐색하는 일은 과학적 분석에 그치지 않고, 문화적으로
해석하고 예술적으로 재구성하는 일로 확장된다. 조경가에게 자연은 선택이
아니라 작업의 기초이자 목표이다. 우리는 자연과의 대화를 통해 사람들에게
기쁨과 위로를 줄 수 있는 새로운 자연, 문화적으로 전유된 자연을 창조하는
전문가다. 모든 예술 분야처럼 자연에서 영감을 받고 흠모하며 때로는
모방하지만, 자연의 비밀을 해독하고 번역하여 보다 우리 삶에 가까운 자연을
공간과 경관으로 상상하고 만들기도 한다. 이때 식물은 디자인 요소가 아닌
디자인 매체가 된다. 정원가 차페크Karel Capek는 11월의 땅속에서 봄을 위해
분주한 식물의 움직임을 이렇게 묘사했다.

"꽃을 피우고 나면 땅으로 돌아가는 것이 자연의 섭리. 한 해의 일이 모두
끝났다. 모든 것을 거꾸로 보자. 자연의 뿌리를 위로 들어 올리고 한번 찬찬히
들여다 보라. 영차! 영차! 격렬한 협공에 땅이 갈라지며 틈을 내주는 소리가
들리지 않는가? 11월의 땅, 그 속에서 다음 봄을 위한 설계도는 이미 완성된다.

보라! 이것이 건축 설계도이다. … 자연에 죽음이란 존재하지 않는다. 겨울잠에 든다는 표현도 사실 틀린 말이다. 그저 한 계절에서 다른 계절로 들어설 뿐, 생명이란 영원한 것. 섣불리 끝을 가늠하지 말고 인내하며 기다려 보라."4

자연에 대한 경외심과 존중, 이는 식물로 자연을 디자인하는 우리 모두가 공유해야 할 가치이자 출발점이다.

---

1. Barrie B. Greenbie, *Spaces: Dimensions of the human landscape*, Yale University Press, 1981, p.53.

2. "James Corner Field Operations, Diller Scofidio + Renfro, And Piet Oudol," *The High Line*, 2021년 1월 5일 저장, https://www.thehighline.org/photos/design-competition/?gallery=5117&media_item=2459.

3. 조혜령·성종상, "영국정원문화 대중화 전개 양상에 대한연구: 19세기 왕립원예협회(RHS)의 활동을 중심으로," 『한국조경학회지』 44(3), 2016, pp.47-55.

4. 카렐 차페크, 『정원가의 열두 달』, 펜연필독약, 2019, pp.179-186.

조경의 디지털 트윈:
가상과 실재를 연결하는 디자인 플랫폼

이유미 + 김충식

오늘날의 조경가는 기후 변화, 미세 먼지, 도시 재생, 스마트 시티, 그리고 최근의 팬데믹pandemic 상황과 같은 긴급하고 도전적인 난제에 직면하고 있다. 이렇게 급변하는 도시와 환경 문제를 해결하기 위해서는 기존의 기술과 도구를 넘어서는 혁신적인 시도가 필요하다.

이런 맥락에서 조경의 디지털화digitalization는 설계와 시공 과정 전반에 걸쳐 획기적인 변화를 가져왔고 위드 코로나with COVID-19 시대를 맞아 더욱 가속화되고 있다. 마치 타임머신을 타고 10년 후로 시간 여행을 한 것 같다는 월스트리트 저널의 인터뷰 기사가 언급했듯이, 우리는 이 시기를 디지털화의 포털로 기억하게 될 것이다.[1] 이 장에서는 조경 설계와 시공 분야에서 확산되고 있는 디지털 트윈digital twin의 개념을 설명하고, 이와 연계하여 조경 정보 모델Landscape Information Model, 가상 및 증강 현실, 3차원 스캐닝과 프린팅 등의 기술과 도구를 간략히 소개하고자 한다.

조경의 혁신적인 도구: 디지털 트윈

디지털 트윈이란 실재實在하는 사물이나 공간을 대상으로 가상의 모델을 제작하고 필요한 정보를 입력하여 설계에서 운영에 이르기까지 전 생애 주기에 걸쳐 활용하는 플랫폼이다. 제조업에서 시작된 디지털 트윈은 이제 물리적인 모형으로는 대체할 수 없는 거대하고 복잡한 도시와 환경 분야로 확장되었고 버추얼 싱가포르Virtual Singapore와 같은 통합적 도시 관리

그림 1. 디지털 트윈 플랫폼: 증강 현실을 사용하는 무(無)도면 조경 시공 현장(ⓒAugmented Grounds 디자인팀)

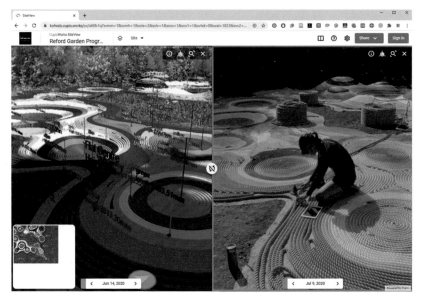

플랫폼의 사례를 남겼다.[2]

조경의 디지털 트윈은 실제 공간과 가상 공간을 연결하는 프로그램이나 플랫폼에 따라 다양한 활용성을 가지며, 시행착오를 최소화하는 스마트 설계 및 시공 관리 도구로 이용되고 있다. 라이노Rhino에서는 그래스하퍼grasshopper나 레이디버그ladybug 등의 플러그인Plug-in을 통해 설계 과정에 파라미터parameter를 적용하고 음영, 바람길, 우수 등의 환경 정보를 제어할 수 있다. 조경 BIM, 또는 LIM으로 불리는 조경 정보 모델은 효율성, 비용 절감, 운영 및 관리 면에서 혁신적인 협업 플랫폼으로 부상하고 있다. 가상·증강 현실 기술은 설계와 시공 현장을 긴밀하게 연결하는 디지털 디자인 커뮤니케이션 도구로서 활용 가치가 높다. 3차원 스캐닝 기술은 레이저 스캐너 장비를 통해 실재하는 공간 또는 사물의 정보를 매우 신속하게 수집하여 3차원 모델로 기록한다. 3차원 프린팅 기술의 발전은 기존의 재료와 공법으로는 시공이 불가능했던 복잡한 형태와 구조의 설계 정보를 정확히 출력한다. 이렇게 다양한 기술과 도구를 활용하는 디지털 트윈은 분석적 설계 과정과 효율적인 시공을 지원하고 궁극적으로는 우리에게 독특하고 새로운 경관을 제공한다.

통합적 설계 플랫폼: 조경 정보 모델

건축에서 시작되어 전 분야로 확산되고 있는 BIM의 도입으로 조경에도 변화의 바람이 불고 있다. 2020년 말 국토교통부는 '건설 산업 BIM 기본 지침'을 발표하였다.[3] 조경에서 특히 주목해야 할 부분은 지침에 조경 및 환경 시설 분야를 명시하며 건설 산업 전반에 걸쳐 BIM을 적용하는 것을 목표로 하였다는 점과, 프로젝트의 전 생애 주기를 대상으로 하면서 설계와 시공의 통합에 특히 중점을 두고 BIM을 도입하였다는 점이다. 지극히 협업적이면서 데이터 중심적인 BIM을 프로젝트의 전 과정에 수용하고 있는 해외 사례를 살펴보면, 우리나라 조경에서 앞으로 전개될 변화 양상을 충분히 예측할 수 있다.

전 세계가 작업의 효율성과 비용 절감을 목표로 디지털 협업 모델로 전환하고 있는 시점에서, 새로운 도구를 익히고 활용할 줄 안다는 것은 매우 중요하다. 이제 조경에서도 BIM을 활용하는 설계와 시공, 그리고 유지관리에 주력하는 새로운 업역으로의 확장이 필요한 시점이다. 이에 대비하여 조경은 발 빠르게 움직여야 한다. 학교에서는 BIM을 활용하는 스튜디오나 워크숍 등을 활성화하여 학생들이 수업을 통해 다양한 어플리케이션을 설계 프로세스에 적용해 볼 수 있는 기회를 제공해야 한다. 연구자로서는 조경에 최적화된 BIM 설계 프로세스, 파라메트릭 설계 방법 등 조경 BIM 활성화를 위한 기반 연구를 시도해 볼 수 있다.

그림 2. BIM을 활용한 설계 스튜디오 사례(서울대학교 환경대학원 단지설계 스튜디오 제공)

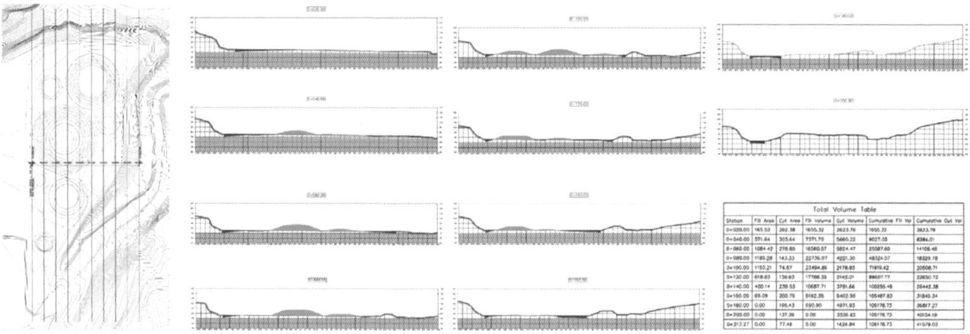

Total Volume Table						
Station	Fill Area	Cut Area	Fill Volume	Cut Volume	Cumulative Fill Vol	Cumulative Cut Vol
0+020.00	165.53	262.38	1655.32	2623.79	1655.32	2623.79
0+040.00	571.64	303.64	7371.70	5660.22	9027.03	8284.01
0+060.00	1084.42	278.60	16560.57	5824.47	25587.60	14108.48
0+080.00	1189.28	143.33	22736.97	4221.30	48324.57	18329.78
0+100.00	1150.21	74.57	23494.86	2178.93	71819.42	20508.71
0+120.00	618.63	139.63	17788.35	2142.01	89607.77	22650.72
0+140.00	450.14	239.53	10687.71	3791.66	100295.48	26442.38
0+160.00	69.09	300.76	5192.35	5402.96	105487.83	31845.34
0+180.00	0.00	196.43	690.90	4971.93	106178.73	36817.27
0+200.00	0.00	137.39	0.00	3336.82	106178.73	40134.19
0+213.27	0.00	77.46	0.00	1424.84	106178.73	41579.03

해외는 물론 국내에서도 주요 공공 프로젝트에서는 BIM 설계가 의무화되고 있다. 그러나 조경 설계와 시공 현장에서 경험하는 이상과 현실의 간극은 매우 심각하다. 현재 조경 BIM의 보급율이 매우 낮고 인증된 교육 프로그램도 부재한 상황이기 때문에 대부분의 설계사는 기존의 방식으로 조경 설계를 진행하고 외주로 BIM 전환 설계를 해결하는 수준에 머물고 있다. 이렇다보니 조경에 대한 이해가 부족한 기술자가 설계 도면을 진행하게 되고, 정작 전면 BIM 설계를 실시해야 하는 회사의 역량은 길러지지 않고 있다. 이를 해결하기 위해서는 조경 BIM 전문가를 확보하여 교육과 실습을 통해 설계 역량을 강화하는 것이 시급하며, 이에 대해서는 학회와 협회 차원의 지원이 중요한 역할을 할 것으로 예상된다.

디지털 디자인 커뮤니케이션: 가상·증강 현실

가상 현실Virtual Reality, VR은 엔진이라는 게임 제작 도구에 의해서 구축되고 제어되는 가상의 사물 또는 공간이다. 공간 설계에서 퀄리티와 활용도가 가장 높은 언리얼 엔진Unreal Engine은 블루 프린트blue print라는 코딩 작업을 통해 공간에서의 상호 작용을 제어한다. 블루 프린트를 잘 활용하면 시간과 계절의 변화를 보여줄 수도 있고, 식재의 생장과 계절감을 표현할 수도 있다. 또한 바람길 시뮬레이션으로 미세 먼지의 흐름을 예측하기도 하고, 도심의 열 환경을 재현하여 설계에 반영하기도 한다.

가상 현실이 설계안의 시뮬레이션과 재현representation을 위한 도구로의 활용 가치가 높다면, 증강 현실Augmented Reality, AR은 설계안을 현장에 투사하여 시공 과정을 점검하는 도구로서 활용성이 높다. 2020년 메티스

그림 3. 위에서부터, 언리얼 엔진으로 제작한 열 환경, 조명 계획, 계절 변화 시뮬레이터(서울대학교 환경대학원 Evolving Landscape Lab 제공)

국제 정원 페스티벌Métis International Garden Festival, Québec Canada 당선작인 'Augmented Grounds'는 정원 시공 과정에 증강 현실을 도입하는 새로운 시도를 계획한 작품이다.[4] 디자인팀은 수학적 알고리즘을 기반으로 정원의 지형을 결정하고, 메티스 문화를 상징하는 전통 장식띠의 색상에서 영감을

그림 4. 원격 설계 감리 커뮤니케이션(©Augmented Grounds 디자인팀)

받은 6색의 밧줄을 지형의 굴곡에 따라 코일을 감듯이 촘촘하게 엮어서 포장 재료로 사용했다. 2차원 도면만으로는 전달하기 어려운 복잡한 형태와 색상의 지형을 시공하기 위해 디지털 트윈과 스마트 건설 기술을 활용했고, 이는 방문객에게 인간과 자연, 그리고 디지털 기술이 협업한 결과물을 색다른 경험과 함께 제공했다.

Augmented Grounds는 당시 언택트 방식[5]의 공사를 실현하기 위해 증강 현실과 클라우드 기반 디지털 트윈 커뮤니케이션 플랫폼을 활용했다. 설계안의 3차원 모델을 마이크로소프트 홀로렌즈Microsoft HoloLens를 사용하여 홀로그래픽holographic 방식으로 현장에 투영하고 이를 3차원 도면으로 활용하여 시공했다. 설계팀은 서울과 LA에서 원격으로 접속했고, 시공팀은 캐나다 퀘벡 현장에서 홀로렌즈를 착용하고 디지털 증강 기술을 활용하여 도면 없는 시공을 진행하면서 설계팀과의 신속한 커뮤니케이션을 실시했다.

원격으로 연결된 설계팀과 시공팀은 디지털 트윈 건설 현장을 통해 공정을 원거리에서 직관적으로 감독하면서 효율적으로 소통할 수 있었다(그림4).

현실의 디지털화: 3차원 스캐닝

3차원 스캐닝은 건설 현장의 정보를 수집하고 디지털화하는 기술이다. 3차원 스캐닝 기술 중에서 항공 라이다LiDAR 방식은 위성이나 드론을 활용하여 공중에서 스캔 데이터를 수집한다. 항공 라이다 방식은 넓은 영역의 공간 정보를 빠르게 수집할 수 있는 장점이 있지만, 수목 캐노피 하부나 지붕 아래의 공간 정보는 취득할 수 없다는 것이 단점이다. 반면, 지상 라이다 방식은 삼각대에 고정하거나 손에 들고 이동하면서 스캔하는 방식으로 일반적인 눈높이에서 인지되는 소규모 공간 정보를 수집하기에 적절하나 대규모 대상지에서는 효율이 떨어진다. 그밖에 핸드폰이나 디지털카메라로 촬영한 사진들을 이용해서 다중 표면surface으로 입체 형상을 제작하는 디지털 사진 측량digital photogrammetry 기술도 있는데 건물이나 구조물에는 효과적이지만, 자연물이 주를 이루는 조경 현장에는 적합하지 않다.

조경 현장을 디지털로 입체화하는데 유용한 방식은 레이저 스캐너를 사용한 지상 라이다 방식이다. 고정형 지상 라이다 3차원 스캐너는 레이저 파장을 물체에 보내서 반사되는 시간을 이용하여 거리나 형상을 측량하는데 사용된다. 여러 지점에서 이동-고정-표식-측량-이동의 과정을 반복해야 하므로 작업에는 다수의 인원이 필요하며, 스캔한 데이터 조각들을 이어서 하나의 공간 데이터로 만들기 위해서는 고가의 프로그램과 기술이 요구된다. 따라서 이 방식은 정확한 현장 모델을 제공하지만 들어가는 비용과 시간이

그림 5. 고정형 지상 라이다를 사용한 서울식물원 온실의 3차원 스캐닝 이미지(서울대학교 환경대학원 생태계획연구실 제공)

만만치 않다.

이동용 레이저 스캐너는 이러한 불편을 해소하기 위해서 개발되었다. 별도의 측량 기술을 익히거나 스캔한 데이터를 일일이 결합하지 않더라도, 경량의 스캐너를 작동시켜서 들고 현장을 돌아다니는 것만으로 스캔 작업이 완료된다. 컴퓨터에서 스캐닝 데이터를 내려받으면 돌아다닌 위치를 추적하여 지형과 건물, 수목의 형상 등이 기록된 디지털 포인트 클라우드 데이터digital point-cloud data를 얻을 수 있다. 이동용 레이저 스캐너는 지상에서 안전하게 사용하면서 수목, 구조물, 지형, 시설물의 크기와 형상 정보를 일시에 취득할 수 있다. 3차원 스캐닝 데이터에서 바로 평면도나 입면도의 제작이 가능하므로 현장 조사와 기록에 들이는 시간을 절약할 수 있다(그림6). 캐드, GIS, 라이노, 스케치업 등을 활용하여 지형 등고선이나 입체 모델을 제작할 수도 있다. 이는 제작 시기가 오래되어 정확도가 떨어지는 낮은 정밀도의 수치 지형도의 한계를 극복하는데 큰 도움이 된다. 지금과 같은 언택트 상황에서는 원거리의 현장 정보를 공유하고 입체적으로 이해하는 데 활용할 수 있다.

그림 6. 이동용 3차원 스캐너로 취득한 조경 현장(한국전통문화대학교 전통조경학과 제공)

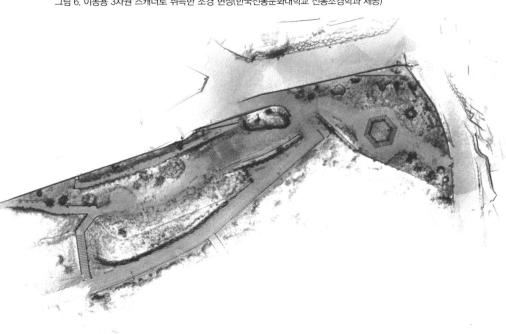

가상의 현실화: 3차원 프린팅

설계로 구현되는 결과물의 직관적인 이해를 돕기 위해 수 세기 동안 입체적 축소 모델이 사용되어왔다. 물리적 모델은 시각과 촉각을 이용하여 물체를 다루면서 조작과 변형을 할 수 있기 때문에 고객과 설계가가 디자인의 개념을 공유하는 데 큰 도움이 된다. 형상을 이해할 정도의 높은 수준으로 물리적 축소 모형을 제작하기 위해서는 적지 않은 시간과 비용이 요구된다. 설계가가 모델 제작자를 이해시키기 위한 설명이 필요하기 때문에, 수시로 변경되는 과정을 거치면서 모델을 제작하는 것은 현실적으로 한계가 있다.

3차원 프린팅은 이러한 물리적 축소 모델의 한계를 극복하고 디지털로 제작된 설계의 결과물을 현실화하는 기술이다. 플라스틱을 녹여서 노즐로 내보내어 쌓기FDM, 액상에 빛이나 레이저를 비춰서 굳히기SLA, DLP, 분말을 겹겹이 쌓아가면서 레이저나 액체 접착제로 융합하기SLS 등의 방법이 있다. 그중에서는 SLS 방식이 가장 정확하지만, 출력시 온도에 민감하고 크기의 제약이 많다. 정밀한 3차원 프린팅의 출력물 제작에는 비싼 장비와 재료가 요구된다. 30㎤ 크기의 전통 정자 모델링에 재료비만도 백만 원이 넘게 소요된다. 3차원 프린팅은 초기 구축 비용의 부담이 있지만, 반복 출력하는 경우 물리적 축소 모델의 제작비와 견줄 만하다. FDM 방식으로는 단순한 형상 제작에 사용할 수 있는 비교적 저렴한 프린터도 보급되고 있다.

3차원 프린팅을 실무에 활용하기 위해서 학습해야 하는 개별 프로그램과 고난이도 기술은 그동안 조경가에게 장애물이 되어 왔다. 3차원 프린팅을 하려면 채우는 곳과 비워야 할 곳, 조립상의 오차 등을 고려하여 비누처럼 채워진 물체solid 형상으로 설계해야 한다. 그러나 이러한 작업상의

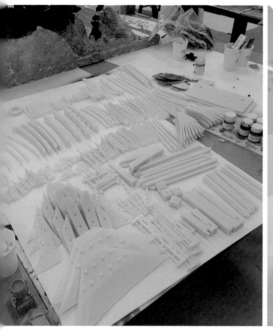

그림 7. 스케치업으로 설계하여 3차원 프린팅한 전통 정자 부속품과 완성된 모습(한국전통문화대학교 전통조경학과 제공)

어려움은 오류를 자동으로 수정해주는 똑똑한 프로그램들이 3차원 프린터에 탑재되면서 사라지고 있다. 이제는 조경가가 가장 많이 사용하는 스케치업SketchUp으로 설계한 형상도 3차원 프린터로 손쉽게 출력할 수 있다.

건설 분야에서도 3차원 프린팅으로 조경 시설물이나 구조물을 제작하려는 시도가 계속되고 있다. 3차원 프린팅을 활용한 시공 방식은 철재나 콘크리트 재료를 양생하는 데 필요한 조형틀이나 거푸집을 제작할 필요가 없다. 따라서 목재나 철가루, 콘크리트 등 다양한 3차원 프린팅용 재료가 개발된다면 자유로운 형태와 구조의 조경 시설물 제작이 가능하고 비용도 상당히 절감할 수 있다. 미래의 디자이너는 가상의 설계안을 증강현실로 시뮬레이션하고 3차원 프린팅으로 바로 출력하는 방식으로 고객과 소통하게 될 것이다.

맺음말

이상으로 가상과 실재를 연결하는 디자인 플랫폼으로서의 디지털 트윈과, 이를 가능하게 하는 도구와 기술을 간략히 소개했다. 디지털 시대의 조경은 건축, 도시, 토목 등의 인접 분야와 긴밀하게 협업해야 한다. 통합적 설계 과정에서는 조경가의 중립적인 역할이 특히 중요하다. 이미 적극적으로 디지털 기술을 활용하고 있는 신진 조경 세대뿐만 아니라 아날로그적 경험이 풍부한 중견 조경가에게도 설계 과정에서 디지털 영역을 포용하고 실무에 적용하는 것은 이제 필요성을 넘어서 생존의 문제이다. 조경가가 혁신적인 도구와 기술로 날개를 달고 조경의 융성한 발전상을 만들어가기를 희망한다.

---

1. "Covid-19 Propelled Businesses Into the Future. Ready or Not," *Wall Street Journal*, 2020년 12월 26일 수정, https://www.wsj.com/articles/covid-19-propelled-businesses-into-the-future-ready-or-not-11608958806.

2. "Programmes - Virtual Singapore," *National Research Foundation*, 2021년 1월 6일 접속, https://www.nrf.gov.sg/programmes/virtual-singapore.

3. "조경 등 건설산업 전면 BIM 도입 본격 추진!" 녹색문화예술포털 라펜트, 2020년 12월 29일 수정, http://www.lafent.com/inews/news_view.html?news_id=128058.

4. 2020 Métis International Garden Festival, Québec Canada, 'Augmented Grounds' by Yumi Lee, Soomeen Hahm, Jaeheon Jung

5. Untact는 부정사 'un'과 접촉을 뜻하는 'contact'를 합쳐 비대면을 의미하는 신조어로 트렌드 코리아 2018에서 처음 언급되었다. 국내에서는 코로나바이러스감염증—19 확산과 함께 상용화되었으나 해외에는 존재하지 않는 단어로, 영어로는 non-contact 또는 zero-contact에 해당된다.

현대 조경 설계의 지평과 도전:
새로운 위기를 극복하는
새로운 가능성

김영민 + 나성진

20세기의 조경 씬

새로운 조경 씬을 이야기하기 위해서는 과거를 이야기하지 않을 수가 없다. 현재의 새로움은 결국 이전과 다름을 의미하니까. 조경의 영역은 19세기 후반 미국에서 성립되었다. 정확한 시기는 논쟁이 있지만 옴스테드Frederick Law Olmsted가 뉴욕 센트럴파크를 설계하면서 '조경Landscape Architecture'이라는 말을 처음 썼다는 데는 이견이 없다. 물론 19세기 이전에도 베르사유정원이나 중국의 이화원처럼 엄청난 조경 작품이 있었다. 하지만 조경의 대상이 존재한다고 조경이라는 분야가 있었다고 할 수는 없다. 분야가 성립하려면 제도적으로, 학문적으로, 그리고 사회적으로 인정을 받아야 하는데, 그 주도적인 역할을 한 이들이 옴스테드와 그 친구들이었다. 1899년 미국 조경가 모임인 ASLA가 창립되어 전문 분야로써 조경이 시작되었고, 1900년 하버드 대학교에 처음으로 조경학과가 만들어지면서 조경학이 출발한다.

이렇게 조경은 실천적으로, 학문적으로 거의 20세기가 되어서야 정립이 되었고, 그 이후 조경 설계는 주로 옴스테드의 스타일을 따라 이루어졌다. 엄밀히 말하면, 이 스타일은 영국 대정원의 양식인데 옴스테드가 빌려왔다고 하는 것이 더 정확하다. 지금 우리가 '공원'하면 연상하는, 호수 주변에 넓은 잔디밭이 있고 뒤로는 숲이 펼쳐져 여유롭게 산책할 수 있는 공간, 그것이 20세기 전반의 조경 설계를 지배했던 스타일이다. 물론 프랑스는 이와는 다른 형태적 실험을 하고 있었고 당시 유행했던 정원 디자인의 접근 방식은 공원 설계와 달랐지만, 조경 설계의 대세는 옴스테드 풍이었다(그림 1).

그림 1. 센트럴파크(ⓒEd Yourdon)

1950년 이후 모더니즘 조경 양식이 주류로 등장한다. 모더니즘 양식은, 순수 미술과 건축에서는 1920년대부터 유행했는데 조경에서는 30년이나 늦게 나타났다. 깔끔한 기하학적 형태, 유리, 철골과 같은 재료로 쉽게 구별되는 건축 모더니즘과, 조경의 모더니즘은 형태적으로 좀 다르기는 하다. 하지만 이때의 조경 설계는 확실히 우리가 보는 일반적인 공원 풍경과는 다른 방향을 추구했다.

그러다가 70년대 즈음에는 디자인보다는 과학적 계획을 중요시하는 설계 경향이 등장한다. 이 당시 조경가는 스스로 예술가라기보다는 과학자에 가깝다고 생각했다. 과학으로써의 조경이 부상하면서 문화의 영역에서 소외되는 부작용이 나타났는데, 젊은 조경가들은 이러한 경향에 반발하여 예술로써의 조경을 부활시키고자 했다.

그러한 시도를 통해 1980년대와 1990년대 예술적 조경은 큰 성공을 거두어 뛰어난 조경가는 예술가와 같은 반열에 오르게 된다. 이러한 흐름을 이끈 피터 워커Peter Walker, 마사 슈워츠Martha Schwartz, 조지 하그리브스George Hargreaves의 이름 정도는 알아두자. 여전히 현역에서 최고의 조경가로 인정받는 이들의 이름을 말한다면 어디서 조경을 알지 못한다는 소리는 듣지 않을 수 있다.

이것이 짧게 정리한 20세기 조경 설계의 역사이다. 그렇다면 그 다음에는 무슨 일이 있었는가?

조경으로 도시 혁명, 랜드스케이프 어바니즘

21세기를 대표하는 새로운 조경 설계의 경향을 하나만 들자면 당연

'랜드스케이프 어바니즘'을 꼽을 수밖에 없다. 쉽게 설명하자면 랜드스케이프 어바니즘은 조경이 도시의 골격과 체계를 만드는 결정적인 토대가 되어야 한다는 사유와 설계의 경향이다. 조경가는 조경이 도시를 만드는 중요한 역할을 한다고 말은 해왔지만, 실제로 공원, 녹지, 수변 공간은 도시 만들기의 가장 마지막 단계에서야 들어갔다. 그럴 수밖에 없는 것이, 도로, 집, 시장 같은 토목과 건축의 장치 없이는 도시가 아예 성립할 수 없다. 공원이야 있으면 좋지만 없다고 해서 도시가 멈춰 버리지는 않는다. 그런데 도시의 필수적인 장치만 잘 갖추어져 있다고 좋은 도시는 아니다. 오히려 좋은 도시는 그동안 부차적이라고 여겨지던 경관, 문화, 여가, 자연의 다양한 요소가 삶을 풍부하게 해주는 곳이다. 21세기 환경에 관한 관심이 점차 커지면서 조경가는 오히려 도로나 건물 중심의 도시가 아니라 강, 산, 자연과 같은 조경이 중심이 되는 새로운 모델을 제시했고 이는 큰 호응을 얻었다.

랜드스케이프 어바니즘은 1997년 찰스 왈드하임Charles Waldheim 교수가 최근 조경 프로젝트가 공원이나 정원의 영역에 국한되지 않고 도로, 하천, 심지어는 기존의 도시 계획과 건축의 영역으로 확장되고 있다는 사실에 주목하여 제시한 개념이다. 그는 도시의 산업이 재편되며 버려진 공간이 재생을 통해 새롭게 바뀔 때, 조경이 이러한 새로운 공간을 다루기에 제일 적합한 매체가 될 수 있다고 주장한다. 이러한 랜드스케이프 어바니즘의 대표적인 사례는 뉴욕의 버려진 고가 철도를 공원으로 재생한 하이라인High Line이다(그림 2). 고가를 철거하여 새로운 도로나 건축물을 만들기보다 이를 조경 공간으로 재탄생시킨 설계 전략은 엄청난 성공을 거두었다. 고가 철도뿐 아니라 뉴욕, 상하이, 런던, 시드니 등 전 세계의 도시들은 앞다투어

도시의 쇠락한 공간을 새로운 공원이나 공공공간으로 바꿔 나가기 시작했다. 서울로7017은 하이라인 모델을 그대로 서울에 적용한 사례이며, 옛 정수장을 공원으로 바꾼 선유도공원이나 서울숲도 이러한 경향의 설계 작품이라 생각해도 된다. 마포 석유비축기지를 재생한 문화비축기지나 넓게 보면 노들섬도 랜드스케이프 어바니즘 계열의 프로젝트라고 볼 수 있다(그림 3).

 하이라인을 설계한 JCFO의 제임스 코너James Corner는 랜드스케이프 어바니즘을 실천적으로 규정한 선구자 역할을 했다. 중국의 현대 조경을 이끌고 있는 콩지안 유도 조경 공간을 물을 담고 정화하는 도시적 기반 시설로 간주하는 방식으로 중국식 랜드스케이프 어바니즘을 규정하였다. SWA나 사사키Sassaki Associates와 같은 큰 조경 설계 사무소는 고전적인 조경의 영역에서 벗어나 조경을 중심으로 도시를 설계하며 지역 계획의

그림 2. JCFO의 하이라인(ⓒ김영민)

그림 3. MVRDV의 서울로7017(ⓒ조세호)

새로운 비전을 제시하고 있다. 그렇다고 해서 랜드스케이프 어바니즘이
특정 조경가에 국한된 사조는 아니다. 2000년대 랜드스케이프 어바니즘은
분명 조경계의 가장 뜨거운 화두였으나 20년이 지난 오늘날에는 설계나
이론 전면에 등장하지는 않는다. 이는 랜드스케이프 어바니즘의 시대가
저물었다기보다는 그것이 현대 조경가 모두가 공유하고 있는 대표적인 설계
DNA가 되었다는 것을 의미한다. 그런 의미에서 오늘날의 모든 조경가는

어느 정도는 랜드스케이프 어바니스트라고 볼 수 있다. 20세기가 기반 시설과 건축이 도시를 만들어 나가는 시대였다면, 21세기 초 우리는 오히려 기반 시설이 공원으로 바뀌고 건축이 녹색으로 덮이는, 조경이 도시를 만들어가는 시대에 살고 있다고 해도 과언은 아니다.

전국 시대 혹은 극단적 실용주의

랜드스케이프 어바니즘이 조경 설계의 21세기의 문을 열어준 이후, 지금의 조경 씬에서는 무슨 일이 일어나고 있을까? 오늘날의 조경 설계를 한마디로 규정하자면 규정할 수 없다는 것이 특징이다. 이것이 무슨 궤변인가? 지금의 조경 씬은 절대 패자霸者가 없는 일종의 전국 시대 같은 상황이다. 그런데 아직 패자가 나타나지 않았다기보다는 아무도 패자가 될 생각이 없다는 것이 더 정확한 설명일 것이다. 지금까지는 조경 설계의 중심적 흐름이라는 것이 있었다. 각 시기마다 대세가 되는 디자이너가 있었고, 철학이 있었고, 그리고 그에 맞는 작품이 있었는데, 어느 순간부터 그런 시도 자체가 갑자기 촌스럽게 되어버렸다. 20세기까지 조경뿐 아니라 모든 건축, 예술 분야는 사조-ism의 전성기였다. 시대에 대한 비판 의식을 토대로 설계가들은 시대가 갈 길에 대해 논쟁하고 서로 설득했다. 그러다가 렘 콜하스Rem Koolhaas라는 건축 역사상 희대의 이단아가 나타나서 모든 것을 바꾸었다.

그의 혁명적 주장을 쉽게 말하면 다음과 같다. "쓸데없는 소리 말고 설계나 잘해라." 비판 의식, 시대정신, 이론 같은 것은 오히려 좋은 설계의 걸림돌이 된다는 것이다. 예쁘고, 편하고, 튼튼한 공간을 만드는 것이 설계의 본질 아닌가? 난해한 이론으로 설계를 설명하려는 당시 건축가들의 시도를

한국 조경의 새로운 지평 ────

그림 4. West8의 쇼우부르흐플레인(Schouwburgplein, ©김영민)

콜하스는 대부분 헛소리라고 일축해 버렸다. 최고의 교수들과 이론가들이 애송이 건축가의 버릇을 고치려고 달라붙었는데, 웬걸, 콜하스는 이들을 촌스러운 '꼰대'로 만들어 버리고 젊은 세대의 우상으로 등극한다. 건축 이론가 말그레이브Harry Mallgrave는 콜하스를 비롯한 네덜란드 건축가들이 시작한 이러한 움직임을, 이론의 황금기에 종지부를 고한 극단적 실용주의 "오렌지 혁명Orange Revolution"이라고 불렀다.

당연히 오렌지 혁명은 조경에도 지대한 영향을 미쳤다. 콜하스가 2등을 한 1983년 라빌레트공원 공모전은 조경계에 엄청난 충격을 주었다. 네덜란드 건축가와 조경가는 경계를 넘나들면서 세계의 판도를 바꾸어 놓았다. 서울로7017을 설계한 MVRDV도 콜하스의 계보를 잇는 건축가이자 조경가이다. 조경 쪽에도 콜하스 못지않은 이단아가 나타났는데 역시 네덜란드 출신의 아드리안 구즈Adrian Gueze다. 그가 이끄는 West8은 조경을 중심으로 도시와 건축의 영역을 함께 다루기 시작했으며, 탁월한 감각과 기발한 발상으로 기존 조경 설계의 고정 관념을 타파해 나가기 시작했다(그림 4).

그림 5. MVVA의 티어드롭파크(Teardrop Park, ©김영민)

이 변화의 가장 큰 의의는 설계의 다원화이다. 이전에도 조경 설계의 혁명은 있었다. 하지만 생태학이나 예술이라는 깃발 아래 이에 동조하지 않는 자는 배제하는 혁명이었다. 그러나 지금은 모든 것이 허용된다. 피터 워커와 마사 슈워츠의 조형적이며 예술적인 조경은 여전히 유효하지만, 동시에 피트 아우돌프Piet Oudolf와 같은, 꽃과 풀에 집중하고 식물의 미학에

한국 조경의 새로운 지평

그림 6. BIG와 Topotek1의 수퍼킬렌(Superkilen, ⓒ김영민)

초점을 맞춘 정원 설계가 대중적으로 인기다. 옴스테드의 후계자를 자처하여 보수주의자로 인식되었던 마이클 반 발켄버그Micheal Van Valkenburg는 최근 들어 전통적이면서도 동시에 혁신적인 설계를 선보이고 있다. 독일의 토포텍1Topotek1은 고전적 조경 설계의 틀에서 벗어나 그래픽적인 경관을 구성한다(그림 5, 6).

또 주목해야 할 조경 설계의 큰 변화는 미국과 유럽 중심의 헤게모니가 깨졌다는 것이다. 최근 SNS에 가장 많이 등장하는 작품은 호주의 조경 회사 Aspect의 작품들이다. Aspect의 작품은 트랜디하다. 인스타에 보이면 "좋아요"를 누를 수밖에 없는 감각이다. 중국 조경은 이미 새로운 스타일로 주목받고 있다. 과하다고 비판하면서도 눈을 뗄 수 없는 화려함은 오히려 가식이 없다. 컴퓨터 그래픽을 그대로 실현하려는 듯한 중국의 현대 조경은 조경 설계의 극한을 실험할 수 있는 가장 앞선 테스트 베드의 역할을 하고 있다. 태국 조경은 새로운 조경 설계의 스타로 떠오르고 있다. 처음에는 고급 리조트에 특화된 설계로 주목받다가 최근에는 기후 변화에 대비하는 새로운 도시를 만드는 비밀 병기로써 귀한 대접을 받고 있다. 우리나라의 조경 씬도 마찬가지이다. 이제 국내 조경가가 해외 설계사와 붙어서 크게 밀리지 않는다. 미국과 유럽의 사례를 동경하며 따라하던 시대는 이미 과거다. 랜드스케이프 어바니즘의 스케일을 이야기하다가도 참억새와 톱풀, 큰꿩의비름의 조합을 고민해야 한다. 커뮤니티의 공공성을 이야기하면서도 상품으로써의 가치를 극대화할 조경 설계를 제시해야 한다.

디지털의 새로운 미학

2020년의 조경 씬이 2000년과 분명히 다른 점은 다원화, 실용주의의 내용적 측면의 변화에 더해 기술적으로 본격적인 디지털 시대가 시작되고 있다는 점이다. 조경의 디지털화가 느렸던 이유는 우선 역사의 출발 자체가 타 분야에 비해 늦었기 때문이며, 둘째, 식물 소재를 다룬다는 분야의 물리적 특성 때문이고, 셋째, 아마도 무의식적으로 조경가의 근저에 배어 있는 아날로그 애티튜드 때문일 것이다. 하지만 구글 아마존 같은 플랫폼 기업을 필두로 생활 환경 자체가 IT와 클라우드 기반인 세상으로 변하고 있고, 팬데믹과 기후 변화 등 분자 데이터에 근거한 지구적 문제들이 사회 변화의 척추가 되고 있으며, 컴퓨터와 네트워크 기술이 이제는 조경이라는 불확실한 분야를 포용하기 충분하게 발달했다. 그리고 결정적으로 컴퓨터에 익숙한 새로운 세대가 조경 설계의 실천적 주체로 등장해 비로소 현대 조경의 본격적인 디지털 설계 기반을 다지기 시작했다.

조경의 디지털화는 BIM 프로세스, 파라메트릭 디자인parametric design, 3D 플랜팅3-Dimensional planting design 등 여러 양상으로 나타나는데 그 중 주목할 만한 것은 디지털 미디어가 가져오는 조경의 새로운 미학이다. 건축의 지난 역사와 비교하면 단적으로 부각되는 부분인데, 20세기 이전의 조경에서는 3D 공간의 실제 구현에 관한 담론이 너무 약했다. 이는 다시 말해 조경을 도시의 환영이나(센트럴파크) 장식(정원), 새로운 역할(랜드스케이프 어바니즘) 등 평면적, 맥락적으로 이해하려는 경향이 강했다는 것이고, 그래서 3D 공간으로, 형태적으로 어떻게 디자인 되는지에 대한 구체적인 조형적 이해가 부족했다는 이야기다.

변화의 시작은 오렌지 혁명의 West8이었다. West8은 유럽 특유의 자유로운 분위기에서 조경가, 건축가, 제품 디자이너, 어바니스트의 복합적인 구성으로 회사를 시작했다. 다른 조경가가 캐드냐 스케치냐를 두고 보수적인 토론을 할 때 West8은 이미 라이노, 폼-ZForm-Z, 마야 등 제품 디자인에서 주로 사용하던, 조형적으로 아주 예민한 미디어로 조경을 건축했다. 너무도 당연하게 넙스Nurbs 프로그램을 사용하며 곡선과 직선을 넘나드는 디자인을

그림 7. 그래스호퍼를 이용한 유선형 광장 디자인(ⓒ나성진)

했고(그림 7), 제품 디자인에서 주로 하던 통합 디자인integrated design, 시설물
디자인, 패턴 디자인을 야외 공간에 적용했으며, 건축적 사고에 기반해
평면에 프로그램을 배치하던 고전적 레이아웃 방식에서 수평적인 3D 공간을
구축하는 구축론적 사고로 조경 설계의 성격을 전환했다.[1]

　　AA스쿨이나 하버드 GSD와 같이 학제 간 경계를 없애는 디자인 학교
역시 그래스호퍼grasshopper 같은 미디어를 통해 끊임없이 새로운 형태적
실험을 했다. 이는 21세기 도시 디자인의 패러다임이 이미 철학적

담론과 실용주의를 넘어 새로운 테크놀로지와 미디어, 조형으로 넘어온 현실의 반증이었다. 자하 하디드Zaha Hadid를 필두로 그래스호퍼와 3D 패브리케이션을 중심으로 한 파라메트릭 디자인이 성행했으며(그림 8), 최근의 Heatherwick Studio에 이르기까지 21세기 건축과 조경의 발전은 디지털 기술의 발전과 긴밀한 관계에 놓여 있다.

　4차 산업 시대의 조경 설계는 도시에 자연을 만들던 옴스테드의 시대와 조경으로 도시를 구축하고 재생하는 랜드스케이프 어바니즘의 시대를 지나, 도시에 새로운 미학적 공간을 건축하는 디지털 구축의 시대로 넘어가고 있다. 그에 더해 도시를 건축하는, 그러나 관념적 측면에서가 아닌 컴퓨터 미디어로

그림 8. 그래스호퍼를 이용한 아웃도어 파사드 디자인(©나성진)

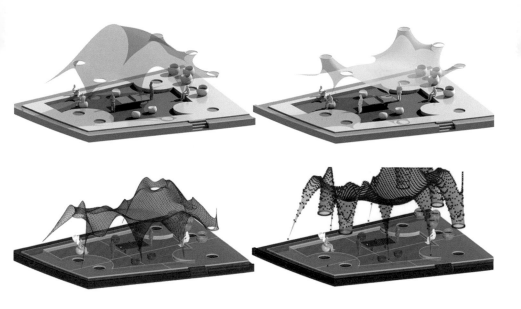

실제 공간을 조형하는 시대가 되고 있다. 앞으로는 예술과 과학, 양 측면 모두에서 더 적극적으로 디지털 기술과 호응할 것이며, 그래스호퍼나 파이썬 같은 프로그램을 이용한 설계가 당연해질 것이고, 자연스레 IT 생태계의 한 분야로 편입될 것이다.

지오디자인, 빅데이터와 레질리언스의 조경

기술적 발전은 조경가의 미학적 접근 방식만을 바꾸어 놓은 것은 아니다. 좋은 조경 설계는 그 결과물이 예뻐야 한다. 아무리 좋은 내용을 담았다고 하더라도 그 공간이 미적으로 촌스럽고 눈살을 찌푸리게 한다면 형편없는 설계이다. 그런데 아무리 공간이 이쁘더라도 작동을 하지 않는다면 그 역시 문제가 있는 설계이다. 조경 설계는 그래픽 디자인이나 메이크업 아트와는 다르기 때문이다. 우리는 기후 변화와 팬데믹, 그리고 4차 산업 혁명의 시대에 살고 있다. 전자는 새로운 위기이며 후자는 새로운 가능성을 의미한다. 조경가는 이 새로운 위기에 대처하기 위해 새로운 가능성을 활용해야 하는 시대적 과제를 안고 있다.

최근 기후 변화로 인해 전세계 해안 도시의 수해 피해가 극심해지자 흥미로운 조경 설계 실험들이 나타났다. Rebuild by Design 공모전은 저명한 조경가, 건축가, 그리고 디자인 대학들이 모여 태풍과 기후 변화로 인한 동부와 서부 연안 도시의 설계적 대안을 탐색하는 계기를 제공했다(그림 9). 해수면 상승에 선제적으로 대응하기 위해 워싱턴 DC의 습지대를 복원하려는 프로젝트에 내로라하는 조경회사들이 참여하였다. 중국에서는 조경가가 스폰지 시티Sponge City라는 개념을 제시하며 도시 하천의 성격을 근본적으로 바꾸어 홍수에 대비하는 설계 프로젝트를 선보였다. 젊은 조경가들은 아름다운 녹색 풍경을 넘어서 도시 시스템으로 작동하고 데이터에 기반하는 새로운 아이템을 내놓고 있다. 이는 새로움을 추구하기 위한 변화라기보다는 기후 변화와 전 지구적 위기에 대응하기 위한 가장 현실적이면서도 절박한

그림 9. Rebuild by Design 공모전의 BIG U(©BIG)

요구에 의한 조경 설계의 변신을 의미한다.

이러한 시도가 예쁜 그림으로 끝나지 않기 위해서는 설계 효과가 증명되어야 한다. 이러한 맥락에서 조경가와 연구자는 서로 연대하여 빅데이터와 기술적 발전으로 조경 설계의 새로운 방법론을 만들어내기 위한 실험을 하고 있다. 지오디자인Geodesign은 빅데이터에 최적화된 대표적인 조경 설계 방법론 중 하나다. 지오디자인은 여러 빅데이터 유형 중 GIS 정보 기반으로 설계적 제안의 효과를 동시적으로 검증하며 더 나아가 AI를 통해 미래 변화를 예측한다. 어떤 측면에서 보면 지오디자인은 과거 1970년대에 유행했던 과학적이며 계획적인 조경 설계의 새로운 버전이라고 볼 수 있다. 그러나 과거의 계획적 경향이, 과학자가 디자이너를 대체하려 한 것이라면, 지오디자인은 과학자와 디자이너, 그리고 더 나아가 주민과 행정가의 협력 체계에서 설계를 도출한다. 지오디자인이 주장하는 빅데이터와 신기술은 저들만이 이해할 수 있는 언어로 떠드는 전문가의 설계가 아니라, 모두가 정보를 공유하며 의사 결정에 참여할 수 있는 정보와 기술의 민주화를 추구한다. 지오디자인과 같은 새로운 기술과 정보의 변화에 대응하는 방향은 앞으로 더욱 발전하고, 조경 설계의 주류가 될 것이다. 하지만 그 방향은 과거처럼 기술과 지식의 벽을 쌓는 설계가 아니라 공유와 포용이 가능한 사회를 위한 설계를 향하는 방향이다. 특화된 방향을 추구하면서 모두가 공감하고 이해할 수 있는 열린 설계를 추구할 때, 오히려 새로운 조경 설계의 미래가 열릴 수 있다.

1. "산업적 공예를 디자인하는 건축가," 월간 디자인, 2014년 9월 1일 수정, 2020년 11년 3일 접속, http://mdesign.designhouse.co.kr/article/article_view/103.

탈산업 경관의 미학:
공장, 공원으로 변신하다

이명준 + 배정한

공원은 자연의 생명을 노래한다. 겨우내 얼었던 땅이 녹으면 새싹을 틔우고 이파리와 꽃잎을 음표 삼아 영원히 지속할 것만 같은 아름다운 화음을 들려준다. 한창일 때는 얄미울 정도로 자연의 생명력은 찬란하다. 언젠가부터 공원은 새로운 아름다움을 보여주기 시작했다. 소생이라는 희망. 문화비축기지와 서울로7017, 선유도공원과 서서울호수공원처럼 소임을 다한 산업 시설물을 철거하지 않고 공원으로 다시 디자인해 도시 공간에 새로운 생명을 불어넣는 조경 설계의 흐름이 생겼다. 이러한 공간은 우리가 공원이라고 하면 떠올리는 푸른 잔디밭이 넓게 펼쳐진 낭만적인 정경이 아니라 녹슬고 바스러진 산업 시설물이 주인공이 된 독특한 풍경의 미학을 연출한다(그림 1).[1]

한국 도시의 탈산업 경관

산업 시설물 재활용 공원을 말하기 전에 한국 도시 산업 시설의 맥락을 먼저 살펴볼 필요가 있다. 우선, 우리의 도시는 점점 외연을 확장하면서 발전했다. 국토 면적이 좁고 산이 많은 지형에 산업 시설은 비교적 도시와 가깝게 위치한다. 처음엔 도심과 떨어진 곳에 지어졌을지라도 건물이 계속 채워지며 도시가 확장하면서 공장 시설이 점차 생활권 안으로 들어오게 되었다. 환경 오염, 재정, 사회정치적 문제로 다른 지역으로 이전하거나 가동을 멈추는 산업 시설이 생겨나기 시작했는데, 후기 산업 시대에 발생한 이러한 경관을

그림 1. 옛 정수장 시설을 그대로 드러내면서 생태 기능을 가득 채운 선유도공원(©이명준)

그림 2. 영등포공원에는 맥주를 제조하던 담금솥이 조각품처럼 전시되어 있다(©이명준).

탈산업 경관post-industrial landscape이라고 부른다. 탈산업 경관을 재활용한 공원은 도심과 가까이 위치하기 때문에 접근성이 좋고 도시의 허파, 그린 인프라스트럭처로 기능할 수 있다.

둘째, 우리나라 탈산업 경관은 서구의 그것보다 조성된 지 오래되지 않은 편이다. 서구 사회에서 산업 혁명이 18세기 중엽부터 시작되었다면, 한국에는 19세기 후반부터 공장을 비롯한 산업 시설물이 들어서기 시작했고 이마저도 한국 전쟁을 거치며 상당수가 파괴되어 전쟁 후 복구되거나 신축한 것들이 대부분이다. 20세기 중반 이후에 급속한 산업화 과정을 겪은 것이다.

셋째, 산업 경관의 보존에 대한 규제가 비교적 느슨하기 때문에 오히려

한국 조경의 새로운 지평

조경가가 창의적으로 디자인할 수 있었다. 우리나라에서 산업 경관에 대한 보존 제도로는 문화재청이 지정하는 등록문화재가 있다. 2001년에 시행된 이 제도는 근대기를 대표하는 보존 가치를 지닌 건축물과 기념비를 지정해 보호한다. 중요한 사실은 등록문화재에 지정된 건축물의 대부분이 한국전쟁 이전에 만들어진 것들에만 한정되어 있다는 점이다. 그리하여 여기에 지정되지 않은 20세기 중후반의 산업 시설물은 전체 또는 일부분을 비교적 자유롭게 변경하고 재활용하여 공원으로 디자인할 수 있었다.

공원이 된 공장

조경가는 산업 경관을 공원으로 바꿔 디자인할 때 건축 구조물을 미적aesthetic인 대상으로 여기곤 한다. 산업 폐허를 재활용한 공원에서는(아마도 현존하는 가장 유명한 조경 작품인) 뉴욕 센트럴파크가 보여주는 깔끔하게 정돈된 넓은 잔디밭과 그늘을 드리우는 교목이 만들어내는 정경과는 사뭇 다른 풍경이 펼쳐진다. 조경가는 대상지에 남겨진 구조물의 부서지고 녹슨 외관을 애써 감추려 들지 않고 드러내면서 하나의 예술 작품을 빚어낸다.

조경가가 산업 폐허를 재활용하는 전략은 크게 두 가지다. 첫째, 건축 폐허의 물성을 되도록 그대로 드러내는 방법이다. 구조물을 조각처럼 덩그러니 전시하기도 하고, 공원의 공간 구조를 형성하는 프레임으로 쓰기도 한다. 서울의 산업 폐허 재활용 공원의 초기 사례의 하나인 1998년에 개장한 영등포공원은 60여 년 동안 OB맥주 공장이 가동되던 곳으로, 이 공원에는 맥주를 제조하던 순동 담금솥이 조각품처럼 전시됐다(그림 2). 2002년 개장한 선유도공원은 1978년에 선유정수장이 들어선 뒤 20여 년간 정수장으로 이용되다가 폐쇄가 결정되어 공원으로 새롭게 태어났다. 여기서 조경가는 정수장의 노화된 콘크리트 구조물과 부식된 철제 시설물을 날 것 그대로 드러내면서 그 안에 다양한 생태와 교육 프로그램을 채워 넣어 공원의 공간 구성과 구조를 만들어가는 프레임으로 활용했다.

둘째, 산업 폐허의 거친 속성을 어느 정도 덜어내 윤색하기도 한다. 2009년에 개장한 서서울호수공원은 선유도공원과 비슷하게 1959년부터 약 50년 동안 사용되던 정수장 시설을 재활용한 공간이다(그림 3). 여기서 조경가는 선유도공원의 경우와 유사하게 콘크리트 구조물을 일부분 남겨 공원의 골격을 짜는 데 활용했다. 유심히 살펴보면 산업 폐허를 다루는 다른 태도가 발견된다. 선유도공원이 구조물 외관의 거친 물성을 그대로 드러낸 채 자연 식생을 뒤덮게 해 폐허의 풍경을 강조해 연출했다면, 서서울호수공원은 조형적 디자인 아이디어를 중심에 두고 산업 폐허를 선택적으로 사용했다. 그 결과 서서울호수공원은 산업 폐허라는 날것의 생생함과 광폭함이 상당수 제거되고 정제된 아름다움을 지니고 있다. 이러한 태도는 인테리어 디자인에서 유행하는 인더스트리얼 스타일(industrial style 또는 industrial chic)을 닮았다. 서울역 옆을 지나는 긴 고가 도로에 식물을 채워 넣고 보행로로 고쳐 문제적 장소가 된 서울로7017, 과거에 석유를 비축했던 탱크를 재활용해 다양한 도시 문화를 버무려 대안적 문화를 짓는 그릇이 된 문화비축기지도 이러한 유행을 따르고 있다.

숭고의 미학, 낯설지만 매혹적인

탈산업 경관을 재활용한 공원은 신선한 아름다움을 발산한다. 최초의 전문

조경가landscape architect 직함을 사용한 프레더릭 로 옴스테드Frederick Law Olmsted와 칼베르 보Calvert Vaux가 디자인한 뉴욕 센트럴파크는 공원 디자인의 전형을 만들었다. 우리가 공원이라 할 때 가장 먼저 떠오르는 이미지의 대명사인 센트럴파크 풍의 공원 디자인 경향을 옴스테드 양식이라고 부르기도 한다. 탈산업 경관을 재활용한 공원은 아마도 옴스테드 양식 이후에 가장 오랫동안 유행해 온, 그리고 앞으로도 계속 유행할 공원의 전형이다. 여기에선 붉게 녹슬어가는 고철 덩어리가 전시 작품이 되고 녹슨 철근이 바깥으로 드러난 깨진 콘크리트 구조물이 수조의 프레임이 되기도 한다. 순수하고 완벽한 자연이라는 유토피아가 아니라 파괴되어 버려진 공간이

그림 3. 조형적 디자인 아이디어로 옛 정수장 시설을 개조한 서서울호수공원(ⓒ이명준)

공원으로 재탄생하는 신비한 마법이 펼쳐진다.

이러한 새로운 아름다움을 '숭고sublime'라는 개념으로 설명할 수 있다. 아름다움을 철학적으로 해명하는 인문학 분야인 미학에서 '숭고'는 '미beauty'와 대조되는 하나의 범주이다. 미학적 범주로서 숭고는 '뜻이 높고 고상하다'를 지칭하는 우리말 '숭고하다'와는 거리가 있다.

18세기 영국의 철학자 에드먼드 버크Edmund Burke는 미를 "질서, 조화, 명료한 대상이 보여주는 작고 부드럽고 점진적 변화를 경험할 때의 즐거움"으로, 이에 반해 숭고는 "무질서하고 형식이 없으며 불명료한 대상, 광대하고 무한하며 엄청난 힘을 지닌 것을 대면했을 때의 공포심"으로 정의했다.[2] 역시 18세기 후반에 활동한 독일의 철학자 임마누엘 칸트Immanuel Kant는 "절대적이고 비교를 넘어서 큰 것"을 "수학적 숭고"로, "무시무시한 위력과 강제력"을 "역학적 숭고"로 설명했다.[3]

피라미드처럼 거대하거나 번개, 절벽, 폭포처럼 위력을 주는 대상을 마주하면 우리는 먼저 두려움을 느끼며 위축된다. 하지만 우리가 안전한 곳에 있다면, 즉 그것이 우리에게 위협을 주지 않는다면, 이내 그러한 광경은 우리의 마음을 끈다. 우리가 (무시무시한) 자연의 스펙터클을 다루는 재난 영화를 (안전한) 영화관에서 감상하는 것은 숭고의 미적 체험과 유사할 것이다.

18세기 말 영국의 정원 이론가인 윌리엄 길핀William Gilpin, 유브데일 프라이스Uvedale Price, 리처드 페인 나이트Richard Payne Knight는 그러한 숭고의 체험을 정원에 도입하고자 했다. 당시 정원은 클로드 로랭Claude Lorrain으로 대표되는 17세기 풍경화가들의 작품에 영향을 받아 디자인되어 전원의 분위기, 즉 앞서 말한 센트럴파크와 유사한 목가적 풍경으로 조성되고

그림 4. 산업 폐허를 재활용해 세월의 무상함과 쓸쓸함의 정서를 자아내는 선유도공원의 풍경(ⓒ이명준)

있었다. 이론가들은 이러한 정원의 분위기를 따분해 했다. 그들은 미와 숭고의 중간 즈음에 위치하는 특성, 즉 "거칠고 불규칙하며 갑작스러운 변화"를 제3의 미학적 범주인 '픽처레스크picturesque'로 제안하고, 망가진 둑, 울퉁불퉁한 길, 뒤틀린 나무줄기와 뿌리 등 야생과 같은 거친 풍경을 정원에 연출하고자 했다.

그림 5. 석유비축탱크를 재활용해 새로운 문화를 생성하는 공원으로 변신한 문화비축기지(ⓒ이명준)

　　산업 폐허를 재활용한 공원의 풍경이 이와 비슷하다. 빨갛게 부식된 철근이 튀어나온 부서진 콘크리트 잔해와 그것을 휘감는 야생 식물로 구성된 풍경은 분명 낯설고 생경하지만 묘한 아름다움을 발산한다. 건축물에 침투하려는 원생 자연의 힘과 그러한 자연의 힘에 애써 저항하려는 건축물의 힘이 팽팽한 줄다리기를 한다. 누군가는 이 광경을 바라보면서 정수장이

　　　　　　　　　　　　　　　한국 조경의 새로운 지평

활발히 가동되던 시절을 상상할 것이다. 또 누군가는 한때 번성했던 산업 시설이 폐허가 된 풍경을 바라보면서 세월의 무상함과 쓸쓸함의 정서에 젖을 것이다(그림 4).

기억 저장소

공원은 기억을 저장한다. 우리가 디디고 걷곤 했던 공원의 산책로, 잠시 휴식처가 되어준 벤치, 매일 출퇴근했던 건물은 누군가의 기억이 차곡차곡 보관된 캐비닛이다. 조경가는 아무개의 기억을 재현하기 위해 산업 폐허를 재활용하고 새로운 문화 프로그램을 디자인하기도 한다. 앞에서 설명했듯이 20세기 중후반에 지어진 우리나라 산업 시설은 대부분 등록문화재로 지정되지 않아 조경가의 창조적인 아이디어가 개입되어 자유롭게 변경될 수 있다.

기억을 활용하는 방법은 크게 두 가지로 나뉜다. 첫째, 건축 구조물을 기억을 전달하는 매개체로 이용한다. 건축물은 과거에서 현재까지의 수많은 기억을 머금고 있으므로 그 일부인 건축 폐허도 기억을 전달하는 존재가 될 수 있다. 방문객은 남겨진 산업 구조물의 원형이나 일부를 감상하면서 장소의 옛 기억을 자연스럽게 연상할 수 있다. 선유도공원에 남겨진 정수장 구조물을 보며 이곳이 과거에 물을 정수하는 장소였다는 사실을 알 수 있다. 문화비축기지는 1973년 발생한 석유 파동 후 유사시에 대비해 석유를 비축하는 석유 탱크였다. 방문객은 기존의 석유 탱크 잔해를 모아 새로 디자인한 구조물을 보면서 석유비축기지 시절의 기억을 떠올릴 수 있다(그림 5).

둘째, 기억을 문화 콘텐츠 프로그램으로 디자인할 수도 있다. 장소의 역사와 관련된 시청각 자료를 만들어 전시 프로그램을 마련한다. 문화비축기지는 석유비축기지 시절 그곳에 근무했던 노동자의 작업복과 면접표를 비롯한 생활사 자료, 문화비축기지 설계 과정을 설계가와 노동자의 목소리로 기록한 인터뷰 등을 전시하고 있다.

생태, 문화, 교육 프로그램의 인큐베이터

조경가는 더 이상 가동되지 않는 구조물에 새로운 기능을 탑재하여 새로운 생명을 불어넣는다. 잠시 멈췄던 노화된 산업 시설은 이제 화석 연료가 아니라 생태, 문화, 교육 프로그램이 투입되어 재가동된다. 첫째, 조경가는 산업 시설물을 생태 프로세스를 구현하는 적극적인 도구로 활용해 왔다. 선유도공원은 정수장 구조물에 수질 정화 기능을 태웠다. 수질정화원은 기존 침전지 구조물을 개조해 계단식 수조를 만들고 여기에 미나리, 부들, 갈대를 비롯한 수생 식물을 배치해 수조를 따라 물이 흐르면서 자연스럽게 정화될 수 있도록 하였다. 과거 정수장의 기능을 창의적으로 재해석한 것이다. 이러한 공원은 조경 이론가 엘리자베스 마이어Elizabeth Meyer가 설명하듯이, 단순히 자연의 '겉모습'을 흉내 내는 것을 넘어서 자연의 '프로세스'를 구현하면서 지속 가능한 아름다움sustaining beauty을 보여준다.[4]

둘째, 문화를 담는 용기로 재활용한다. 생태 프로세스, 대상지 내부의 역사뿐만 아니라 주변의 다양한 문화를 수혈해 산업 폐허를 재가동시킨다. 문화비축기지는 석유비축기지 시절의 기억을 비축하면서 동시대 문화 예술 콘텐츠를 활용한 공연과 전시 프로그램 생산 기지로 기능하고 있다.

셋째, 방문객은 생태와 문화 프로그램에 참여해 경험하면서 자연스럽게 교육 효과까지 가져갈 수 있다. 선유도공원에서 방문객은 수생 식물을 이용해 연출한 수질 정화 프로세스를 경험하면서 버려진 산업 시설에서 생명이 다시 탄생하는 자연의 치유력을 이해할 수 있다.

그림 6. 서울역 옆을 지나는 긴 고가 도로에 식물을 채워 넣어 보행로가 된 서울로7017(ⓒ이명준)

새로운 정체성 만들기

지난 20여 년 동안 탈산업 경관을 재활용한 조경 디자인은 다양한 유형과 조건을 지닌 대상지에 적절히 대응하면서 계속해서 진화했다. 초반에는 산업 폐허에 주로 생태 프로세스를 탑재했다면, 근래에는 다양한 문화와 적극적으로 연계하는 창의적 아이디어로 공원의 새로운 정체성을 만드는 시도가 증가하고 있다. 고가 도로와 철도 폐선을 비롯한 교통 인프라스트럭처는 국내외 관광객의 사랑을 듬뿍 받는 공원으로 변신하고 있다. 서울로7017은 서울역 옆을 지나는 고가 도로를 식물로 가득한 보행 도로로 전환시켰고(그림 6), 경의선숲길에서는 경의선과 공항 철도가 지하에 건설되면서 지상부의 경의선 철길이 공원으로 탈바꿈했다. 2015년에 개장한 경의선숲길 연남동 구간은 서울의 핫플레이스인 홍익대학교 구역과 연결되어 젊은이와 관광객의 발길이 끊이질 않는 서울의 명소가 되었다. 번성한 도시에서도 시간이 지나면 쇠락한 곳이 생겨나기 마련이다. 버려진 건축물을 철거해 도시의 기억을 삭제하는 것이 아니라 창의적으로 재활용해 새로운 공간으로 만드는 도시 재생은 어쩌면 조경가의 선택이 아닌 필수 임무일 것이다. 오래된 도시를 고쳐 쓰는 슬기로운 조경 미학이 우리를 초대한다.

---

1. 이 글은 다음의 출판물을 토대로 작성되었다. Myeong-Jun Lee, "Transforming Post-industrial Landscapes into Urban Parks: Design Strategies and Theory in Seoul, 1998–present," *Habitat International* 91, 2019, pp.1–13; 이명준과 배정한, "숭고의 개념에 기초한 포스트 인더스트리얼 공원의 미학적 해석", 『한국조경학회지』 40(4), 2012, pp.78-89; 배정한, "숭고, 조경미학과 설계의 새로운 접점, 『LAnD: 조경·미학·디자인』, 도서출판 조경, 2006, pp.142-153.

2. Edmund Burke, *A Philosophical Inquiry into the Origin of Our Ideas of the Sublime and Beautiful*, 1757, 김동훈(역), 『숭고와 아름다움의 이념의 기원에 대한 철학적 탐구』, 마티, 2009, pp.80-82.

3. Immanuel Kant, *Kritik der Urteilskraft*, 백종현(역), 『판단력비판』, 아카넷, 2009, pp.253, 256, 270-271.

4. Elizabeth Meyer, "Sustaining Beauty. The Performance of Appearance. A Manifesto in Three Parts," *Journal of Landscape Architecture*, spring 2008, pp.16-17.

참고문헌

단행본

- 강영조, 『풍경에 다가서기』, 효형출판, 2003.
- 고정희, 『100장면으로 읽는 조경의 역사』, 도서출판 한숲, 2017.
- 김아연 외, 『처음 만나는 조경학』, 일조각, 2020.
- 김영민, 『스튜디오 201, 다르게 디자인하기』, 도서출판 한숲, 2016.
- 김용석, 『문화적인 것과 인간적인 것』, 푸른숲, 2001.
- 김우창, 『풍경과 마음』, 생각의 나무, 2002.
- 김인호 외, 『서울그린트러스트』, 나무도시, 2013.
- 배정한, 『현대 조경설계의 이론과 쟁점』, 도서출판 조경, 2004.
- 성종상, 『고산 윤선도 원림을 읽다』, 나무도시, 2010.
- 손정목, 『서울도시계획이야기 1』, 한울, 2003.
- 에릭 홉스봄 외, 『만들어진 전통』, 박지향·장문석 역, 휴머니스트, 2014.
- 유네스코 한국위원회, 『세계유산: 새천년을 향한 도전』, 2010.

- 이종상, 『솔바람 먹내음』, 민족문화문고간행회, 1988.

- 이코모스한국위원회, 『이코모스헌장 선언문집』, 2010.

- 임승빈 외, 『조경관: 조경을 바라보다 경관을 만들다』, 나무도시, 2013.

- 전종한 외, 『인문지리학의 시선』, 사회평론아카데미, 2017.

- 조경비평 봄, 『공원을 읽다』, 나무도시, 2010.

- 카렐 차페크, 『정원가의 열두 달』, 펜연필독약, 2019.

- 황기원, 『경관의 해석: 그 아름다움의 앎』, 서울대학교출판문화원, 2011.

- Barrie B. Greenbie, *Spaces: Dimensions of the Human Landscape*, Yale University Press, 1981.

- C. Brod, *Technostress: The Human Cost of the Computer Revolution*, Addison-Wesley, 1984.

- C. Cooper Marcus and M. Barnes, *Healing Gardens: Therapeutic Benefits and Design Recommendations*, John Wiley&Sons: New York, 1999.

- C. Cooper Marcus and Naomi A. Sacha, *Therapeutic Landscapes: An Evidence-Based Approach to Designing Healing Gardens and Restorative Outdoor Spaces*, John Wiley&Sons Inc., 2014.

- Carl Steinitz, *A Framework for Geodesign: Changing Geography by Design*, Esri Press, 2012.

- Catharine Ward Thompson, Peter Aspinal and Simon Bell(ed.), *Innovative Approaches to Researching Landscape and Health*, Routledge, 2010.

- Christophe Girot, *The Course of Landscape Architecture: A History of our Designs on the Natural World, from Prehistory to the Present*, Thames&Hudson, 2016.

- E. O. Wilson, *Biophilia: The Human Bond with Other Species*, Harvard University Press: Cambridge, 1984.

- Edmund Burke, *A Philosophical Inquiry into the Origin of Our Ideas of the Sublime and Beautiful*, 1757; 김동훈(역), 『숭고와 아름다움의 이념의 기원에 대한 철학적 탐구』, 마티, 2009.

- Gordon Cullen, *Concise Townscape*, Routledge, 1961.

- Immanuel Kant, *Kritik der Urteilskraft*, 1790; 백종현(역), 「판단력비판」, 아카넷, 2009.

- J. Rodiek(ed.), *Landscape and Urban Planning* 94, 2010.

- Jongsang Sung, *Joseon literati's garden as a nature-friendly and place-oriented cultural landscape of Korea*, in Cari Goetcheus; Steve Brown(ed.), *Routledge Handbook of Cultural Landscape Practice*, Routledge, 2021.

- Jules Pretty et al., *A Countryside for Health and Wellbeing: The Physical and Mental Health Benefits of Green Exercise*, Countryside Recreation Network, 2005.

- Kevin A. Lynch, *The Image of the City*, MIT Press, 1960.

- Maggie Roe et al., *New Cultural Landscapes*, Routledge, 2014.

- Marc Treib (ed.), *Modern Landscape Architecture: A Critical Review*, The MIT Press, 1994.

- McKinsey Global Institiute, James Manyika and Michael Chui, *Big data: The next frontier for innovation, competition, and productivity*, McKinsey&Company, 2011.

- O. Sacks, L. Campbell, and A. Wiesen(ed.), *Restorative Commons: Creating health and well-being through urban landscapes*, USDA Forest Service, 2009.

- Peter Walker and Melanie Simo, *Invisible Gardens: The Search for Modernism in the American Landscape*, The MIT Press, 1996.

- R. Kaplan and S. Kaplan, *The Experience of Nature: A Psychological Perspective*, Cambridge University Press, 1989.

- Robert Holden and Jamie Liversedge, *Landscape Architecture: An Introduction*, Laurence King Publishing, 2014.

- Rodney Harrison, *Heritage: Critical Approaches*, Routledge, 2012.

- UN-Habitate and World Health Organization, *Integrating health in urban and territorial planning: A source book for urban leaders, health and planning professionals*, Geneva, 2020.

- World Health Organization, *Basic documents 45th ed.*, World Health Organization, 2005.

논문 및 보고서

- 강동진, "산업유산의 개념과 보전방법 분석," 『국토계획』 38(2), 2003, pp.7-20.

- 김무한, "건강환경 조성을 위한 주의회복이론 관점의 치유환경 고찰: 청계천을 중심으로," 『한국조경학회지』 45(1), 2017, pp.94-104.

- 김무한·성종상, "고산 윤선도 수정동 정원유적 정비에 관한 연구," 『한국전통조경학회지』 33(2), 2015, pp.12-20.

- 김태한 외, "식생기반 바이오필터의 미세먼지, 이산화탄소 개선효과와 실내쾌적지수 분석," 『한국환경농학회지』 37(4), 2018, pp.268-276.

- 김태한 외, "식생유니트형 LID 시스템의 우수유출 지연효과에 대한 SWMM 전산모의와 인공강우 모니터링 간의 유의성 분석," 『한국조경학회지』 48(3), 2018.

- 김태한·박정현·최부헌, "인공강우 기반 확률강우재현을 통한 식생유니트형 LID 시스템의 우수유출 지연 효과분석," 『한국환경복원기술학회지』 22(6), 2019, pp.115-124.

- 농촌진흥청, "식물 활용 생활 공간 미세먼지 저감기술 활용방법 개발(1차년도)," 2019.

- 농촌진흥청, "식물을 활용한 지하 공간 미세먼지 저감방법 개발(2차년도)," 2020.

- 박상연 외, "RPS 제도가 적용된 옥상녹화통합형 태양광시스템의 출력 경제성에 대한 연구," 『한국조경학회 춘계학술대회 논문집』, 2015, pp.81-82.

- 박재민·성종상, "산업유산 개념의 변천과 그 함의에 관한 연구," 『건축역사연구』 21(1), 2012, pp.65-81.

- 박진재, "세계문화유산 제도의 전개 양상과 운영의 추이에 관한 연구," 성균관대학교 박사학위논문, 2013.

- 배정한, "기억의 상실: 공장 및 시설이적지 공원화사업에 대한 비평," 『Locus 2: 조경과 비평』, 도서출판 조경문화, 2000, pp.45-62.

- 배정한, "선유도, 문화를 생산하는 공원," 『한강의 섬』, 이채, 2009, pp.157-178.

- 배정한, "세상에서 가장 긴 화분," 『환경과조경』 327호, 2015, pp.62-65.

- 배정한, "숭고, 조경미학과 설계의 새로운 접점," 『LAnD: 조경·미학·디자인』, 도서출판 조경, 2006, pp.142-153.

- 배정한, "시간의 정원, 발견의 디자인: 선유도공원이 전하는 말," 『환경과조경』 171호, 2002.

- 성종상, "기억의 망각 혹은 반복: 한국 현대조경설계에서 전통재현의 양상," 『한국조경학회 40주년 기념집』, 2012, pp.114-129.

- 성종상, "녹색−건강 위상학: 그린을 통한 건강, 행복 증진, 국민행복, 공간에게 길을 묻다," 서울대학교 환경대학원 40주년 기념학술대회, 2013, pp.75-98.

- 성종상, "산업시설 재생의 방향과 전략 연구," 『문화정책논총』, 2005.

- 성종상, "세계유산으로서 문화경관의 가치와 의미," 『이코모스 한국위원회 창립20주년 기념집』, 2020, pp.43-95.

- 성종상, "조경에서의 역사와 전통: 맹목적 상찬과 날조를 넘어 창조의 원천으로," 『조경정보지』 Vol.16, 2012, pp.5-7.

- 유명화·변혜진·손기철, "식물/배지를 이용한 공기정화시스템의 팬 사용 유무에 따른 실내식물의 생리적 반응," 『원예과학기술지』 22(2), 2004, pp.84-84.

- 이명준, "디자인의 온도," 『환경과조경』 356호, 2017, pp.34-36.

- 이명준·배정한, "숭고의 개념에 기초한 포스트 인더스트리얼 공원의 미학적 해석," 『한국조경학회지』 40(4), 2012, pp.78-89.

- 이석호·조일현, 『국제 신재생에너지 정책 변화 및 시장 분석』, 에너지경제연구원, 2018.

- 이수형, "9.26 미세먼지 관리 종합대책 발표 후 보건분야의 연구 및 적응 대책 방향," 『보건·복지 Issue & Focus』 346호, 한국보건사회연구원, 2018, pp.1-8.

- 이현경·손오달·이나연, "문화재에서 문화유산으로: 한국의 문화재 개념 및 역할에 대한 역사적 고찰 및 비판," 『문화정책논총』 33권 3호, 2019.

- 정항균, "창조적 반복: 과거와의 새로운 만남을 위하여," 『스무살, 인문학을 만나다』, 그린비, 2012.

- 조혜령·성종상, "영국정원문화 대중화 전개 양상에 대한연구; 19세기 왕립원예협회(RHS)의 활동을 중심으로," 『한국조경학회지』 44(3), 2016, pp.47-55.

- 진경환, "전통과 담론," 『전통: 근대가 만들어낸 또 하나의 권력』, 인물과 사상사, 2010.

- 최원석, "세계유산의 문화경관에 관한 고찰," 『문화역사지리』 제24권 1호, 2012, pp.27-49

- 탁영란 외, "주의집중 피로회복이론의 장으로 본 경주 옥산서원 강학 및 유식공간의 일원적 공간성,"

『한국전통조경학회지』 34(3), 2016, pp.50-66.

- 탁영란, "조선후기 국화 아취와 선비정신: 다산 정약용의 시문집을 중심으로," 『한국전통조경학회 추계학술대회 및 창립 40주년 기념 심포지엄』, 2020, pp.24-27.

- A. Suda, J. Lee and E. Fujii, "Experimental Study on Cerebral Hemodynamics during Observation of Plants," *Journal Landscape Architecture Asia* 3, 2007, pp.214-219.

- C. W. Thompson, "Linking Landscape and Health: The Recurring Theme," *Landscape and Urban Planning* 99(3-4), 2011, pp.187-195.

- Cari Goetcheus and Nora Mitchell, "The Venice Charter and Cultural Landscape: Evolution of Heritage Concept and Conservation Over Time," *Change Over Time* 4(2), 2014, pp.338-357.

- Daeyoung Jeong et al., "Planning a Green Infrastructure Network to Integrate Potential Evacuation Routes and the Urban Green Space in a Coastal City: The Case Study of Haeundae District," *Science of The Total Environment*, 2020.

- David C. Harvey, "Heritage Pasts And Heritage Presents: Temporality, Meaning And The Scope Of Heritage Studies," *International Journal of Heritage Studies* 7(4), 2001.

- David C. Harvey, "Landscape And Heritage: Trajectories And Consequences," *Landscape Research* 40(8), 2015, pp.911-924.

- Elizabeth Meyer, "Sustaining Beauty. The Performance of Appearance. A Manifesto in Three Parts," *Journal of Landscape Architecture* 2008(Spring), 2008, pp.16-17.

- F. Lederbogen et al., "City Living and Urban Upbringing Affect Neural Social Stress Processing in Humans," *Nature* 474(7352), 2011, pp.498–501.

- Graeme Aplin, "World Heritage Cultural Landscape," *International Journal of Heritage Studies* Vol.13(5), 2007, pp.427-446.

- Gustavo F. Araoz, "Preserving Heritage Places Under A New Paradigm," *Journal of Cultural Heritage Management and Sustainable Development* Vol.1, 2011, pp.55-60.

- H. J. Eom et al., "Iron Speciation of Airborne Subway Particles by the Combined Use of Energy Dispersive Electron Probe Xray Microanalysis and Raman Microspectrometry," *Analytical Chemistry* 85, 2013, pp.10424-10431.

- H. J. Jung et al., "Source Identification of Particulate Matter Collected at Underground Subway

Stations in Seoul, Korea Using Quantitative Single Particle Analysis," *Atmospheric Environment* 44, 2010, pp.2287-2293.

- H. Kobayasi et al., "Population-Based Study on the Effect of a Forest Environment on Salivary Cortisol Concentration," *International Journal of Environmental Research and Public Health* 14(8), 2017, p.931.

- ICOMOS, "Burra Charter for Places of Cultural Significance," 1999.

- ICOMOS, "The Nizhny Tagil Charter for Industrial Heritage," 2003.

- J. Lee et al., "Acute Effects of Exposure to a Traditional Rural Environment on Urban Dwellers: A Crossover Field Study in Terraced Farmland," *International Journal of Environmental Research and Public Health* 12(5), 2015, pp.1874-1893.

- J. Lee et al., "Effect of Forest Bathing on Physiological and Psychological Responses in Young Japanese Male Subjects," *Public Health* 125(2), 2011, pp.93-100.

- J. Lee et al., "Influence of Forest Therapy on Cardiovascular Relaxation in Young Adults," *Evidence-Based Complementary and Alternative Medicine* 2014, 2014, pp.1-7.

- J. Lee et al., "Nature Therapy and Preventive Medicine," *Public Health: Social and Behavioral Health*, J. Maddock(ed.), IntechOpen, 2012, pp.325–350.

- J. Lee et al., "Restorative Effects of Viewing Real Forest Landscapes: Based on a Comparison with Urban Landscapes," *Scandinavian Journal of Forest Research* 24(3), 2009, pp.227-234.

- J. Lee, "Experimental Study on The Health Benefits of Garden Landscape," *International Journal of Environmental Research and Public Health* 14(7), 2017, p.829.

- K. Erdal, D. Ahmet and A. Hayrullah, "Rainfall simulator for investigating sports field drainage processes," *Measurement* 125, 2018, pp.360-370.

- K. J. Kim et al., "Removal Ratio of Gaseous Toluene and Xylene Transported From Air to Root Zone via the Stem by Indoor Plants," *Environmental Science and Pollution Research* 23, 2016, pp.6149-6158.

- M. Igarashi et al., "Effects of Stimulation by Three-Dimensional Natural Images on Prefrontal Cortex and Autonomic Nerve Activity: A Comparison with Stimulation Using Two-Dimensional Images," *Cognitive Processing* 15(4), 2014, pp.551-557.

- M. Lora, M. Camporese and P. Salandin, "Design and performance of a nozzle-type rainfall simulator for landslide triggering experiments," *CATENA* 140, 2016, pp.77-89.

- Marc Antrop, "Balancing Heritage and Innovation: the Landscape perspectives," *Bulletin de la Société Géographique de Liège* 69, 2017, pp.41-51.

- Myeong-Jun Lee, "Transforming Postindustrial Landscapes into Urban Parks: Design Strategies and Theory in Seoul, 1998-present," *Habitat International* 91, 2019, pp.1-13.

- Nora Mitchell, Mechtild Rössler and Pierre-Marie Tricaud(Ed.), "World Heritage Cultural Landscapes: a Handbook for Conservation and Management," World Heritage Centre, 2009.

- P. Grahn et al., "Using Affordances as a Health-promoting Tool in a Therapeutic Garden," *Innovative Approaches to Researching Landscape and Health* 1(5), 2010, pp.116-154.

- Q. Li et al., "Forest Bathing Enhances Human Natural Killer Activity and Expression of Anti-Cancer Proteins," *International Journal of Immunopathology and Pharmacology* 20(2), 2007, pp.3-8.

- R. S. Ulrich et al., "Stress Recovery During Exposure to Natural and Urban Environments," *Journal of Environmental Psychology* 11(3), 1991, pp.201-230.

- R. S. Ulrich, "View Through a Window May Influence Recovery from Surgery," *Science* 224(4647), 1984, pp.420-421.

- T. Hartig, R. Mitchell, S. de Vries and H. Frumkin, "Nature and Health," *Annual Review of Public Health*, 35, 2014, pp.207-228.

- T. Takano, K. Nakamura and M. Watanabe, "Urban Residential Environments And Senior Citizen'S Longevity In Megacity Areas: The Importance Of Walkable Green Spaces," *Journal of Epidemiology & Community Health* 56(12), 2002, pp.913-918.

- UNESCO World Heritage Centre, "Cultural Landscapes: Operational Guidelines for the Implementation of the World Heritage Convention," 2008.

- UNESCO World Heritage Centre, "Operational Guidelines for the Implementation of the World Heritage Convention," 2019.

- UNESCO World Heritage Centre, "World Heritage Cultural Landscapes: A Handbook for Conservation and Management," *World Heritage Paper* 26, 2009.

글쓴이들

김아연_ahyeonkim@uos.ac.kr

서울대학교 조경학과와 동 대학원 및 미국 버지니아대학교 건축대학원 조경학과를 졸업했다. 조경 설계 실무와 설계 교육 사이를 넘나드는 중간 영역에서 활동하고 있다. 도시 속 다양한 스케일의 조경 설계와 연구 프로젝트를 담당해 왔으며, 동시에 자연과 문화의 접합 방식과 자연의 변화가 가지는 시학을 표현하는 설치 작품을 만들고 있다. 자연과 사람의 관계에 대한 아름다운 꿈과 상상을 현실로 만드는 일이 조경 설계라고 믿고, 이를 사회적으로 실천하는 일을 중요시 여긴다. 현재 서울시립대학교 조경학과 교수이자 조경 플랫폼 공간 시대조경의 일원이다.

김연금_geumii@empas.com

서울시립대학교 조경학과를 졸업했고 같은 학교에서 조경 전공 석사 학위와 박사 학위를 받았다. 이후 1년 동안 영국 뉴캐슬대학교에서 박사 후 연구 과정(post-doc.)을 가졌고 현재는 서울 약수동에서 '조경작업소 울'을 운영하고 있다. 저서로는 『커뮤니티디자인을 하다(공저)』, 『소통으로 장소 만들기』, 『우연한 풍경은 없다』, 『Design as Democracy: Techniques for Collective Creativity(공저)』 등이 있다.

김무한_itl_lab@kongju.ac.kr

숲과 논밭, 그리고 공사 현장과 꽃집에서 유년기를 보냈다. 그 추억을 뿌리로 경희대학교 예술디자인대학에서 조경을 전공하고 호주 멜버른대학교 디자인스쿨에서 조경 석사 학위를 받았다. 이후 환경-행태 연구와 스트레스 저감 환경을 주제로 서울대학교에서 박사 학위를 받았다. 지금은 공주대학교 조경학과에서 조교수로 재직 중이며 건강 증진 환경 연구와 조경 설계 분야에서 크고 작은 일들을 수행 중이다.

김영민_ymkim@uos.ac.kr

현재 서울시립대학교 부교수로 조경, 건축, 도시의 접점을 연구하고 있으며 광화문광장, 파리공원 재설계 등 다양한 설계 프로젝트를 수행하고 있다. 서울대학교에서 조경과 건축을 함께 공부하였고 하버드 GSD에서 조경학 석사 학위를 받았다. 이후, 미국 SWA Group에서 실무를 수행하였고 USC 건축대학원의 교수진으로 강의를 했다. 역서로는 『랜드스케이프 어바니즘』이 있으며, 『스튜디오 201, 다르게 디자인하기』를 비롯한 다수의 공저가 있다.

김충식_kimch@nuch.ac.kr

서울시립대학교 조경학과를 졸업하고 동 대학원 석사와 박사 학위를 받았다. 현재 한국전통문화 대학교 전문대학원 전통조경학과에서 문화유산의 디지털 복원 설계, 조경 BIM, 디지털 디자인에 관련된 프로젝트와 연구를 한다. 역사 경관 분석 및 보존, 문화재 GIS 분야를 학생들과 같이 탐구하고 있다. 경관과 조경 분야에서 디지털을 활용하기 위한 방법을 20여 년 동안 찾고 있다. 그러한 과정 속에서 『겸재, 스케치업 5.0을 만나다』, 『디지털 유산: 문화유산의 3차원 기록과 활용』이라는 기술서를 썼다.

김태한_taehankim@smu.ac.kr

성균관대학교 조경학과를 졸업하고, 밀라노공대(Politecnico di Milano)에서 친환경 건축 기술 및 평가 체계로 박사 학위를 취득하였다. 브레라 국립미술원(Accademia di Belle Arti di Brera)과 밀라노공대에서 친환경 건축과 통합 설계를 주제로 강의하였으며, 남스위스기술대학(SUPSI-DACD-ISAAC)에서 에너지 진단(energy audit)을 연구하였다. 현재 상명대학교 그린스마트시티 학과 교수로 재직하면서 그린 인프라 기반의 에너지, 물, 대기 환경에 관한 데이터 연계 해석과 LID, BIPV, 바이오필터 등의 산업화 솔루션에 관심을 가지고 있으며, 환경부하 저감 통합 시스템, 공정시험 방법, 미세 먼지 인벤토리 관련 연구를 통해 조경 산업의 고도화 방안을 고민하고 있다.

나성진_bradla7@gmail.com

서울대학교와 하버드 GSD에서 조경을 전공했다. 한국의 디자인 엘, 뉴욕의 발모리어소시에이츠 (Balmori Associates)와 제임스코너필드오퍼레이션스(JCFO)에서 실무 경험을 쌓았고, West8의 로테르담과 서울 지사를 오가며 용산공원 기본 설계를 수행했다. 한국, 미국, 유럽에서의 다양한 경험을 바탕으로 귀국 후 파트너들과 함께 얼라이브어스(ALIVEUS)라는 대안적 그룹을 열었다. 현재 파라메트릭 디자인을 기반으로 "컴퓨테이셔널 디자인(Computational Design)"에 관한 다양한 연재 및 활동을 하며 조경의 새로운 영역을 넓히는데 몰두하고 있다.

류영렬_ryuyr77@gmail.com

서울대학교 조경학과를 졸업하고 동 대학 환경관리전공에서 생태학으로 석사 학위를 받았다. 버클리대학교의 환경과학 정책 관리 대학원(ESPM)에서 나사 장학생으로 박사 학위를 받았고, 마이크로소프트 리서치 인턴 연구원을 거쳐 하버드대학교 종진화 생물학과(OEB)에서 박사 후 과정을 수행했다. 잎에서부터 전 지구에 이르는 다중 규모 원격 탐사 연구를 진행하며 66편의 SCI급 저널 논문 출판을 했으며 피인용 횟수가 5천회에 달한다. 연구실의 비전 "A sustainable world where ecological information is available and accessible to anyone."을 향해 전력 질주 중이다. 현재 서울대 농업생명과학대학 조경·지역시스템공학부 교수로 재직 중이다.

박은영_eypark@joongbu.ac.kr

서울대학교에서 "체험적 시각연출을 위한 재식설계 방법론"으로 박사 학위를 받았다. 현재 중부대학교 환경조경학전공, 원격대학원 정원문화산업학과에 교수로 재직 중이다. 조경 계획과 설계, 정원에 관한 과목을 강의하고 있고, 동서양의 정원, 정원문화와 산업에 대해 꾸준히 연구하고 있다. 이론적인 작업과 함께 정원을 직접 조성하는 실무 프로젝트를 병행하고 있다. 저서로는 『풍경으로 본 동아시아 정원의 미: 시적 풍경과 회화적 풍경』이 있고, 함께 지은 책으로는 『역사속의 환경설계』, 『서양정원사』, 역서로는 『식재 디자인 핸드북』이 있다.

박재민_jm018@cju.ac.kr

홍익대학교 건축학과를 졸업하고 서울대학교 환경대학원 환경조경학과 석사와 박사 학위를 취득하였다. 현재 청주대학교 조경도시계획전공에 재직 중이다. 문화경관 이론 중 장소 기억, 기억의 장소 개념을 중심으로, 근대 산업 경관과 지역 주민의 집단 기억을 연구하고 있다. 장소성 기반 도시재생 실천 프로젝트, 장소 및 조경 정보화를 위한 디지털 경관 연구를 수행하고 있다.

배정한_jhannpae@snu.ac.kr

서울대에서 조경 설계, 조경 미학, 현대 조경 이론, 통합 환경 설계, 환경미학을 가르치고 있으며, 월간 『환경과조경』을 통해 도시·조경 비평과 저널리즘의 지평을 확장하고 있다. 『현대 조경설계의 이론과 쟁점』과 『조경의 시대, 조경을 넘어』를 지었고, 『경관이 만드는 도시』와 『라지 파크』를 옮겼다. 『The Big Asian Book of Landscape Architecture』, 『건축·도시·조경의 지식 지형』, 『용산공원』, 『공원을 읽다』 등 스무 권의 책을 동학들과 함께 썼다. 용산공원 계획과 조성 프로젝트들에 참여하며 이론과 실천의 접면을 넓히고 있다.

성종상_jssung@snu.ac.kr
서울대학교에서 조경을 공부한 이래 15여 년간 조경 연구 및 설계 실무를 거쳐 현재 서울대학교 환경대학원에서 조경 역사와 설계를 가르치고 있다. 대통령자문 건축문화선진화위원, 한국조경설계연구회장, 한국생태환경건축학회장, 문화재청 문화재위원, 서울대 환경대학원 원장 등을 역임하였고 현재 서울대학교 환경계획연구소장, ICOMOS Voting Member 겸 한국위원회 이사 등으로 활동 중이다. 인사동길, 국립중앙박물관, 호암미술관 희원, 선유도공원, 2013순천만국제정원박람회 등의 설계 작품이 있고, 최근에는 한국적 장소와 풍경의 의미를 읽어내고 행복한 삶을 위한 조경 공간 만들기에 힘쓰고 있다.

오형은_frogoh5@gmail.com
영남대학교 조경학과를 졸업하고 서울대학교 환경대학원 환경조경학 석사 학위와 서울시립대학교 조경학 박사 학위를 받았다. 2003년 지역활성화센터를 설립하여 현재까지 대표로 재직 중이다. 커뮤니티와 함께 마을 문제를 해결하고 살기 좋은 지역을 만드는 일에 관심을 가지고 관련 프로젝트를 수행하고 있다. 참여 저서로는 『녹색경영론』, 『도시기획자들』, 『철새협동鳥(조)합』이 있고, 서울대학교 환경대학원, 서울시립대학교 조경학과, 한양대학교 도시대학원에서 주민 참여 계획 분야 강의를 해왔다.

이강오_kangolee@naver.com
서울대에서 산림자원학을 공부하고, 생명의숲, 서울그린트러스트 등 시민 단체 활동을 하고 서울어린이대공원 원장으로 일하였으며, 현재는 한국임업진흥원 원장으로 재직 중이다. 도시숲, 도시공원, 임업 분야의 시민운동과 공직을 거치면서 우리 사회의 참여와 거버넌스를 확대하는 데 기여하여 왔다. 주요 저서로는 『도시기획자들』, 『서울, 그린, 트러스트』, 『숲으로, 숲으로』, 『숲 경영 산림 경영』 등이 있고, 역서로『공동체와 텃밭 그리고 지속가능도시: 시애틀의 도시농업이야기』가 있다.

이명준_june2@hknu.ac.kr
전주에서 태어나 자랐고 서울대학교 조경학과에서 학사, 석사, 박사 학위를 받았다. 조경 디자인의 역사, 이론, 비평과 교육에 두루 관심을 가지고 있다. 오랫동안 조경을 공부했건만 여전히 '조경이란 무엇인가'라는 질문에 답하지 못해 방황하다가 요새는 이렇게 고쳐 묻고 있다. '조경의 바람직한 미래는 무엇인가.' 작년 봄 안성으로 이사 와 한경대학교 조경학과 학생들과 즐거운 일상을 보내며 답을 찾아가는 중이다.

이소은_bobogamja@gmail.com

좋은 지역을 만들 수 있는 방법과 개인의 역할에 관심이 있어 지역활성화센터에 입사, 십여 년간 몸담고 있다. 숙명여자대학교에서 환경디자인을 전공하고 서울대학교 환경대학원에서 석사를 마친 후 박사 과정 중이며 현재는 지역과 사회에 대한 기본적인 이해와 풍부한 상상력을 통해 로컬의 가능성을 타진하고 커뮤니티의 새로운 역할을 만들어 가는 일을 하고 있다.

이원호_oldgarden@korea.kr

성균관대학교에서 전통 조경으로 박사 학위를 받았으며 문화재청 국립문화재연구소에서 명승과 전통 조경 분야 연구관으로 일하고 있다. 그간 명승 경관 자원 조사와 한·중·일 전통 정원 국제 공동 연구, 세계보호지역 데이터베이스(WDPA) 등재를 수행해 왔고 자연유산 분야에 ICT를 접목한 보존 관리 기법으로 2020년에 제6회 대한민국 공무원상 근정포장을 수상한 바 있다. 최근 문화재청의 자연유산법 제정과 기후 변화에 대비한 자연유산의 디지털 트윈 분야에 몰두하고 있으며 저서로는 공저로 『동양조경문화사』, 『전통문화환경에 새겨진 의미와 가치』, 역서로는 공역인 『원림』, 『자연성지』, 『새로운 시대의 자연보전』 등이 있고 (사)한국전통조경학회 편집위원장 직을 맡고 있다.

이유미_yumil@snu.ac.kr

현재 서울대학교 환경대학원 환경조경학과 부교수로 재직 중이고, 열정적인 학생들과 함께 Evolving Landscape Lab을 운영하며 가상/증강 현실, 조경 BIM, 파라메트릭 설계, 디지털 트윈 등 기술과 조경의 창의적인 접목에 대해 연구하고 있다. 서울대학교 미술대학 조소과를 졸업하고 보스턴대학교 미술 석사를 거쳐 펜실베니아대학교에서 조경학 석사를 받았고, 하그리브스어소시에이츠(Hargreaves Associates) 샌프란시스코 본사에서의 8년간 근무를 포함하여 10년간의 실무 경력을 쌓고 미국 조경사 및 LEED AP 자격을 취득하였다. 설계-시공-관리의 치밀한 연결이 결국 우수한 조경 공간을 만드는 열쇠라는 믿음으로 전문 건설업체 (주)에스엘즈를 창업하였고, 벤처 인증과 함께 다양한 디지털 기술과 코딩 개발을 조경 설계와 시공 현장에 접목하고 있다.

이정아_archjung@korea.ac.kr

고려대학교 환경생태공학부를 졸업하고 동 대학 환경 계획 및 조경학 전공으로 석사, 박사 학위를 받았다. 조지메이슨대학교(George Mason University)와 메릴랜드대학(University of Maryland)에서 박사 후 과정을 수행했으며, 건국대학교 산림조경학과에 재직하였고, 현재 고려대학교 환경생태공학부에 재직 중이다. 조경 계획 분야에서 자연 환경과 사회 환경의 상호 보완적 시스템의 안정성을 유지시키기 위한 생태 기반 그린 인프라 계획 방안에 대한 연구에 집중하고 있다.

이주영_lohawi@hknu.ac.kr

건강과 복지의 관점에서 환경의 새로운 가치를 발굴하고 환경을 바라보는 새로운 시각을 제시하는데 중점을 두고 있다. 동국대 조경학과를 졸업하고 일본 문부성의 지원을 받아 대학원을 마쳤으며 JSPS 특별 연구원을 거쳐 일본 치바대학 교수로 재직하였다. 녹색 공간의 치유 효과를 과학적으로 구명하기 위해 다양한 실험 연구를 진행하였으며 산림 치유 정책을 위한 학술적 근거를 마련하는데 큰 역할을 하였다. 과학 이론을 실제에 적용하기 위해 중앙 정부에서 다양한 국가 정책과 국책 사업을 추진하면서 해당 분야의 산업 생태계를 구축하는데 기여하였다. 현재는 한경대학교에서 새로운 연구를 진행하고 있으며 국가, 지자체, 공공기관, 산업체 등과 협업하여 행복한 미래를 위한 다양한 환경 프로젝트를 추진하고 있다.

전진형_jchon@korea.ac.kr

고려대학교 환경생태공학부에 재직 중이며 생태조경융합전공 주임교수를 맡고 있다. 생태 환경의 보존과 인간의 이용 및 개발의 조화라는 패러독스를 해결하기 위해 회복력(Resilience) 이론을 바탕으로 생태 조경 설계 기법 개발과 유지 관리 방안을 연구하고 있다. 최근에는 기후 변화 적응을 위한 Climate Positive Design, 생태공학적 기술을 적용한 Nature Based Design, 그리고 회복력 있는 생태계 복원을 위한 Adaptive Ecological Design 등 지속가능성 발전 목표 달성을 위해 실무와 연구를 연결할 수 있는 설계 언어와 이론 개발에 집중하고 있다.

정영선_satla@chol.com

서울대학교 환경대학원 조경학과 졸업 후 청주대학교 조경학과 교수와 대능건설 기술이사를 거쳐 1987년부터 지금까지 조경설계 서안을 이끌고 있다. 대표작으로 아시아선수촌아파트, 대전엑스포 기념공원, 여의도샛강생태공원, 호암미술관 희원, 노무현 전 대통령 봉하마을 사저와 묘역, 아모레퍼시픽 사옥과 원료식물원 등이 있으며, 선유도공원으로 미국조경가협회(ASLA) 프로페셔널 어워드, 세계조경가협회(IFLA) 동부지역회의 조경작품상, 김수근 문화상, 한국건축가협회상 등을 수상했다.

정해준_hj.jung@kmu.ac.kr

영천 작은 과수원에서 유년기를 보내고, 고려대학교 환경생태공학부를 졸업하였다. 사회 초년기 제2의 사춘기를 겪으며 어릴 적 뒷동산 풍경을 닮은 영국 셰필드 대학교로 유학, 조경학과에서 문화 경관 이론과 정책 연구로 박사 학위를 취득하였다. 귀국 후 지금까지 계명대학교 도시학부 생태조경학과 교수로 재직 중이며, 경관 계획, 역사 환경, 경관 특성화 관련 강의와 연구를 진행 중이다. 현재 공간 계획에서 민주적 의사 결정을 위한 참여형 플랫폼 개발과, 아울러 경관법 보완 수단이자 체계적 경관 계획의 기반이 되는 경관 특성화 평가 연구를 진행하고 있다.

제프 호_jhou@uw.edu

시애틀에 있는 워싱턴대학교의 조경학과 교수이자 Urban Commons Lab 소장이다. 그의 작업은 공공공간, 민주주의, 커뮤니티 디자인 및 시민 참여에 중점을 둔다. 그는 환태평양 커뮤니티 디자인 네트워크의 공동 창립자이기도 하다. 『Insurgent Public Space: Guerrilla Urbanism and the Remaking of Contemporary Cities』, 『Design as Democracy: Techniques for Collective Creativity』 등 여러 책을 단독 집필하거나 혹은 공동 편집했다.

조혜령_landscape.factory.on@gmail.com

경희대학교, 그리니치대학교(University of Greenwich), 서울대학교에서 원예와 조경을 전공했다. '정원사친구들,' '조경공장 온'을 운영하며 크고 작은 프로젝트들을 수행하고 있으며 주요 작업으로는 '대림e갤러리, 부산(2020),' 국립수목원 '어린이숲정원(2020),' 문화역284 'DMZ(2019),' 서울식물원 온실 기획 전시 '식물극장(2019),' '식물탐험대(2018)' 등이 있다.

최재혁_makin777@naver.com

서울대학교 조경학과 졸업, 동 대학원에서 조경학으로 석사 학위를 받은 후, KnL 환경디자인 스튜디오에서 정원과 조경 설계 실무를 익혔다. 수상 경력으로 제8회 대한민국 환경조경대전 대상, 제3회 대한민국 신진조경가 설계공모전 대상, 2017 코리아가든쇼 대상 등이 있다. 주요 전시로는 한강예술공원 '흐름(2017)', 서울도시건축 비엔날레 'Cello(2017)', 국립현대미술관 '예술가의 밭(2020)' 등이 있다. 2017년에 오픈니스 스튜디오(Openness Studio)를 개소하여 생태적 관점을 바탕으로 정원, 공공예술 분야에서 폭넓은 활동을 하고 있다.

탁영란_yrtak@hanyang.ac.kr

환경과 건강 행태를 탐구하는 간호과학자로 한양대학교 간호학부에서 정교수로 가르치고 있다. 미국 앨라바마-버밍햄대학과 위스콘신-매디슨대학에서 발달장애간호/가족사회학 박사 학위를 받았다. 이후 8여년 식물원과 수목원에서 새로운 세계를 엿보며 행복하게 지냈다. 다시 찾은 마음의 고향 시카고 보태닉 가든에서 이수하게 된 헬스케어가든디자인 자격 과정은, 막무가내식 용기를 불어넣어 주어, 이후 서울대학교 환경대학원에서 협동과정 조경학 석사와 박사 과정을 수료할 수 있게 했다. 조경과 건강 회복에 관한 탐구는 현재 진행형이며, 한국전통조경학회 학술부회장으로 한국 정원과 회복에 대한 공부를 더해가고 있다.

찾아보기

한국 조경의 새로운 지평